Diese Mitteilungen setzen eine von Erich Regener begründete Reihe fort, deren Hefte am Ende dieser Arbeit genannt sind.

Bis Heft 19 wurden die Mitteilungen herausgegeben von J. Bartels und W. Dieminger. Von Heft 20 an zeichnen W. Dieminger, A. Ehmert und G. Pfotzer als Herausgeber.

Das Max-Planck-Institut für Aeronomie vereinigt zwei Institute, das Institut für Stratosphärenphysik und das Institut für Ionosphärenphysik.

Ein **(S)** oder **(I)** beim Titel deutet an, aus welchem Institut die Arbeit stammt.

Anschrift der beiden Institute:

3411 Lindau

DAS MAGNETFELD DES RINGSTROMS

WÄHREND DER HAUPTPHASE ERDMAGNETISCHER STÜRME

UND EIN VERGLEICH MIT DEM

BEOBACHTETEN D_{st} - ANTEIL DES STÖRFELDES

von

HERMANN SCHREIBER

ISBN 978-3-540-04270-9   ISBN 978-3-662-11428-5 (eBook)
DOI 10.1007/978-3-662-11428-5

Inhaltsverzeichnis

1. Einleitung .... Seite 5

2. Herleitung des Ringstroms aus der magnetohydrodynamischen
   Grundgleichung 7

   2.1 Die Stromdichte bei anisotroper Druckverteilung 7

   2.2 Die Beziehung zwischen Tangential- und Normal-Druck und die Neigungswinkel-
       verteilung 10

3. Das Magnetfeld des Ringstroms 14

   3.1 Allgemeine Berechnung des Magnetfeldes 14

   3.2 Das erste Glied der Reihenentwicklung 17

4. Der D_{st}-Anteil des an der Erdoberfläche beobachteten Störfeldes 19

5. Modellrechnungen für das Ringstrommagnetfeld. Vergleich mit dem
   beobachteten D_{st}-Feld 28

6. Der Einfluß eines ionosphärischen Stromsystems auf das D_{st}-Feld ... 35

7. Instabilitäten des Plasmas im äußeren Ringstromgebiet 38

8. Zusammenfassung 46

   Summary 48

9. Anhang 49

   A 1. Das Koordinatensystem des begleitenden Dreibeins im Dipolfeld 49

   A 2. Die Divergenz des Drucktensors im System des begleitenden Dreibeins 52

   A 3. Die Verteilungsfunktion der Neigungswinkel 54

Literaturverzeichnis 56

1. Einleitung

Magnetische Stürme gehören zu den auffälligsten Erscheinungen des Erdmagnetismus. Der typische Verlauf eines erdmagnetischen Sturmes sei kurz durch die Beschreibung der zeitlichen Variation der Horizontalkomponente H des Erdfeldes dargestellt. Zu Beginn eines Sturmes wird auf der ganzen Erde eine plötzliche Erhöhung der Horizontalkomponente um etwa 10 bis 50γ registriert ($1\gamma = 10^{-5}$ Gauß). Diesen Zeitpunkt bezeichnet man mit ssc (storm sudden commencement). Während der nächsten Stunden bleibt die Horizontalintensität über dem Wert, den sie vor Beginn des Sturmes hatte. Zwei bis fünf Stunden nach dem ssc folgt ein ziemlich starker Abfall von H, der einige Stunden andauert. Nach Erreichen des Minimums, das bei starken Stürmen und in niedrigen Breiten einige hundert γ unter dem Wert vor dem ssc liegen kann, beginnt ein langsamer Anstieg. Erst nach einigen Tagen ist das ungestörte Niveau wieder erreicht. Der Zeitraum, in den das Minimum der Horizontalintensität fällt, wird Hauptphase genannt. Diese Phase und der folgende Beginn der Erholungsphase soll in der vorliegenden Arbeit behandelt werden.

Nicht alle erdmagnetischen Stürme zeigen den soeben beschriebenen typischen Verlauf. Besonders die angegebenen Zeitintervalle können bei einzelnen Stürmen stark variieren. Ferner treten fast immer, hauptsächlich während der Hauptphase, starke Störungen auf. Diese Störungen sind zwar meist nur kurzzeitig (Dauer etwa eine Stunde), können aber den normalen Verlauf des Sturmes erheblich verändern.

Die Registrierung der Horizontalkomponente in Göttingen während des Sturmes vom 5. Juni 1967 ist in Abbildung 1 eingezeichnet. Dieser Sturm zeigt eine besonders starke Erhöhung der H-Komponente beim ssc und eine sehr kurze Anfangsphase mit erhöhtem H. Die überlagerten Störungen sind bei diesem Sturm relativ gering.

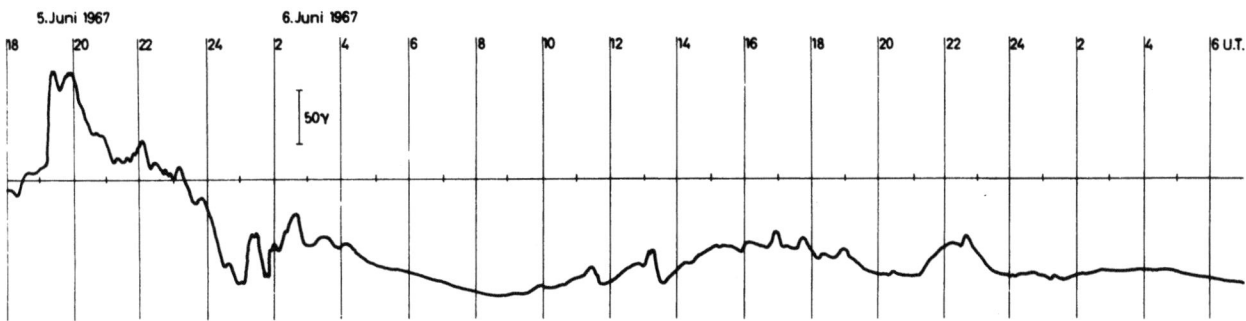

Abb. 1: Verlauf der Horizontalkomponente des Erdmagnetfeldes in Göttingen während des Sturmes vom 5. und 6. Juni 1967.

Eine Analyse der Sturmregistrierungen auf der ganzen Erde und eine Trennung von innerem und äußerem Anteil des Störfeldes (siehe Abschnitt 4) zeigt, daß der größere Anteil der Störung seine Ursache außerhalb der Erdoberfläche hat, also in der Ionosphäre und Magnetosphäre. Dort können durch die Bewegung der vorhandenen geladenen Teilchen (Protonen und Elektronen) im permanenten Erdmagnetfeld elektrische Ströme entstehen, deren Magnetfelder die an der Erdoberfläche beobachteten Störungen verursachen. In der Hauptphase hat der Vektor des Störfeldes eine starke Südkomponente, wie die vor allem in mittleren und niedrigen geomagnetischen Breiten beobachtete Verringerung der Horizontalkomponente zeigt. Diese Störung kann also von einem westwärts fließenden Strom außerhalb der Erdoberfläche herrühren, dem Ringstrom.

1.

Die Existenz des Ringstroms wurde schon von STÖRMER [1911] in seiner heute nicht mehr akzeptierten Theorie über die Polarlichter vermutet. SCHMIDT [1917] griff die Idee auf, um die Depression in der H-Komponente während der Stürme zu erklären. Jedoch machte er keine Angaben über Stärke und Lage des Ringstroms. CHAPMAN und FERRARO [1941] schätzten, daß der Strom in einigen Erdradien Entfernung fließen müsse. Sie gaben in ihren numerischen Rechnungen das Modell einer zylindrischen Stromschicht, bei dem die Achse des Zylinders mit der des Erdmagnetfeldes zusammenfällt. In dieser Schicht fließen Protonen und Elektronen mit verschiedenen Geschwindigkeiten und verursachen so einen elektrischen Strom. SINGER [1957] vermutete geladene Partikel, die im Erdmagnetfeld eingefangen sind, als Ursache für den Ringstrom; sie bewegen sich hauptsächlich entlang den Magnetfeldlinien, unterliegen aber einer zusätzlichen Driftbewegung, die einen Westwärtsstrom liefert. Eine ausführlichere Darstellung der bis 1957 existierenden Ringstromtheorien findet man bei KERTZ [1958].

Die Ideen von SINGER wurden interessant, nachdem man die Strahlungsgürtel entdeckte (Van ALLEN [1959]) und die Elektronendichte in der Magnetosphäre aus Whistlern (STOREY [1953]) bestimmen konnte. Die von PARKER [1957] durchgeführte Behandlung der Bewegung energiereicher geladener Teilchen im Erdmagnetfeld, das näherungsweise als Dipolfeld angenommen werden kann, führt auf einen westwärts fließenden Strom in dem Teil der Magnetosphäre, in dem die Energiedichte des Plasmas nach außen hin abnimmt. AKASOFU und CHAPMAN haben mit den Ergebnissen von PARKER in mehreren Arbeiten [1961], [1962], [1963] Modellrechnungen für den Ringstrom und dessen Magnetfeld durchgeführt. Allerdings haben sie, wie SCKOPKE [1966] zeigt, nicht ganz genau gerechnet. Von den vielen bisher erschienenen Arbeiten über magnetische Stürme und über die Hauptphase sei noch eine von AKASOFU [1966] verfaßte Zusammenstellung genannt, in der ausführlich das Phänomen der erdmagnetischen Stürme und die bestehenden Theorien der einzelnen Phasen diskutiert werden.

In der vorliegenden Arbeit werden einige Eigenschaften des Ringstroms und des von ihm während der Hauptphase magnetischer Stürme verursachten Störfeldes behandelt. Während der Ringstrom bisher aus der Bewegung der geladenen Teilchen im Magnetfeld berechnet wurde, wird er hier aus der für das Kontinuum geltenden Grundgleichung der Magnetohydrostatik hergeleitet. Dabei kann das von SIEBERT [1965] beschriebene Koordinatensystem des begleitenden Dreibeins vorteilhaft angewendet werden. Das Magnetfeld des Stromes wird in Form einer Kugelfunktionsentwicklung berechnet. Die von SUGIURA und CHAPMAN [1960] veröffentlichten statistischen Untersuchungen des beobachteten Störfeldes während der Hauptphase werden so dargestellt, daß sie mit Modellrechnungen des Ringstromfeldes zu vergleichen sind. Aus einem Vergleich von Modellrechnungen mit den Beobachtungen soll versucht werden, Schlüsse über die Eigenschaften des Ringstroms in der Magnetosphäre zu ziehen.

Bei den Rechnungen wird das Gaußsche Maßsystem benutzt, wenn nicht ausdrücklich auf andere Einheiten hingewiesen wird. Einige rein mathematische Herleitungen sind im Anhang zusammengestellt.

2. Herleitung des Ringstroms aus der magnetohydrodynamischen Grundgleichung

2.1 Die Stromdichte bei anisotroper Druckverteilung

Die Magnetosphäre ist das Gebiet außerhalb der Erdatmosphäre etwa oberhalb 1,2 Erdradien geozentrischer Entfernung. Auf der Tagseite, wo das Erdmagnetfeld durch den solaren Wind komprimiert wird, liegt die Magnetopause als äußere Grenzschicht der Magnetosphäre bei etwa 10 Erdradien, auf der Nachtseite in wesentlich größerer Entfernung. Die physikalischen Eigenschaften dieses Gebietes werden hauptsächlich durch das Erdmagnetfeld bestimmt, das die größten Kräfte auf die vorhandenen geladenen Partikel ausübt. Es ist bekannt, daß sich in der Magnetosphäre ein sehr hoch ionisiertes Gas befindet, das im wesentlichen aus Protonen und Elektronen besteht. Aus Whistler-Beobachtungen kennt man ungefähr die Dichte der Elektronen; sie beträgt im unteren Teil der Magnetosphäre etwa $5 \cdot 10^3$ El./cm^3 und fällt mit r^{-4} auf etwa 10 El./cm^3 im äußeren Teil ab. Nimmt man elektrische Quasi-Neutralität an, dann muß eine ebenso große Anzahl von Protonen vorhanden sein. Außer diesen durch die Registrierung und Analyse von Whistlern bekannten Dichteverteilungen der thermischen Teilchen (0,1 - 1 eV kinetische Energie), ergaben Satellitenmessungen Dichteverteilungen energiereicher Teilchen mit kinetischen Energien bis zu einigen tausend keV; ihre Konzentration liegt nach bisherigen Messungen in der Größenordnung von 1 Proton/cm^3. Ferner sind aus Satellitenmessungen die relativistischen Teilchen in den Strahlungsgürteln bekannt.

Vernachlässigt man die Wirkung des in geringer Konzentration vorhandenen Neutralgases auf die geladenen Teilchen, sowie die Coulomb-Stöße der geladenen Partikel untereinander, so können die Kräfte, die auf das magnetosphärische Plasma wirken, durch eine vereinfachte Form der magnetohydrodynamischen Grundgleichung beschrieben werden. Im stationären Fall hat diese Gleichung die Form

$$\text{grad } p = \frac{1}{c} \mathbf{j} \times \mathbf{F} \qquad (2.1)$$

Darin ist der Druck p des Gases zunächst als isotrop angenommen; der Vektor **F** bezeichnet das vorhandene Magnetfeld und **j** ist die Stromdichte, die durch Bewegung der Elektronen und Protonen im Magnetfeld entsteht. Die Gleichung enthält von den möglichen Kräften also nur noch die Lorentzkraft (in $\frac{1}{c} \mathbf{j} \times \mathbf{F}$), die mit dem Druckgradienten des Gases im Gleichgewicht steht. Die auf die Teilchen ebenfalls wirkende Schwerkraft der Erde kann vernachlässigt werden; denn die Lorentzkraft ist in zwei bis drei Erdradien Entfernung schon bei geringer Teilchengeschwindigkeit (etwa 10 cm/sec senkrecht zum Magnetfeld) so groß wie die Schwerkraft.

Zur Berechnung des magnetosphärischen Stroms, der die beobachtete Magnetfeldänderungen während der Hauptphase magnetischer Stürme verursacht, sollte Gleichung (2.1) geeignet sein; denn bis auf die überlagerten kürzerperiodischen Störungen verändert sich das Magnetfeld während der Hauptphase nur sehr langsam, so daß ein quasi-stationärer Strom als Ursache der Hauptphase angenommen werden kann. Es sollte also aus bestimmten Annahmen über den Druck in der Magnetosphäre und dem bekannten Erdmagnetfeld **F** die Stromdichte **j** prinzipiell nach Gleichung (2.1) berechnet werden können.

Allerdings muß das von der Stromdichte **j** verursachte Magnetfeld **F** klein im Vergleich zum permanenten Erdmagnetfeld sein. An der Erdoberfläche ist diese Forderung sicher erfüllt: Selbst bei sehr starken Stürmen erreicht die Stärke des beobachteten Störfeldes kaum 1 % der Stärke des ungestörten Erdfeldes. In größerer Entfernung von der Erde, etwa bei drei bis vier Erdradien, kann jedoch möglicherweise das vom Strom **j** verursachte Magnetfeld nicht mehr gegen das (durch ein Dipolfeld angenäherte) Erdmagnetfeld vernachlässigt werden. Dann darf Gleichung (2.1) nur als grobe Näherung betrachtet werden; für genauere Berechnungen müßte dann eine weitere Näherung behandelt werden, ausgehend von der Gleichung

$$\text{grad } p = \frac{1}{c} \, \mathbf{j} \times (\mathbf{F} + \Delta \mathbf{F}) \qquad (2.2)$$

wobei $\Delta \mathbf{F}$ aus der Stromdichte der ersten Näherung zu bestimmen wäre.

Gleichung (2.1) gilt nur für eine isotrope Druckverteilung. In der Magnetosphäre ist jedoch wegen der geringen Dichte des Plasmas und der großen freien Weglänge der einzelnen Partikel eine isotrope Druckverteilung nicht gegeben, da durch den Magnetfeldvektor an jedem Ort eine Richtung besonders ausgezeichnet wird. Es müssen zumindest zwei verschiedene Druckkomponenten angenommen werden: p_t, eine Druckkomponente parallel zum Magnetfeld, und p_n, die Druckkomponente in der zum Magnetfeld senkrechten Richtung. Der Druck ist also durch einen Tensor P zu beschreiben. Die Elemente des Tensors P sind nach CHANDRESEKHAR [1960] für ein beliebiges Koordinatensystem gegeben durch

$$p_{ik} = p_t \, t_i \, t_k + p_n \, (\delta_{ik} - t_i \, t_k) \qquad (2.3)$$

Dabei bedeutet δ_{ik} das Kronecker-Symbol und t_i, t_k sind die Komponenten des Einheitsvektors $\mathbf{t}$ in Richtung des Magnetfeldes.

Bei anisotroper Druckverteilung lautet dann Gleichung (2.1)

$$\text{Div } P = \frac{1}{c} \, \mathbf{j} \times \mathbf{F} \qquad (2.4)$$

In den folgenden Rechnungen wird das Magnetfeld der Erde durch das Feld eines im Erdmittelpunkt gelegenen Dipols mit dem Moment $M = 8{,}06 \cdot 10^{25}$ Gauß cm^3 angenähert. Satelliten-Messungen zeigen, daß diese Näherung bis zu 6 Erdradien geozentrischer Entfernung recht gut ist. Als Koordinatensystem wird zunächst das von SIEBERT [1965] ausführlich beschriebene System des begleitenden Dreibeins verwendet. In diesem System sind die drei orthogonalen Einheitsvektoren folgendermaßen angeordnet: Der tangentiale Einheitsvektor $\mathbf{t}$ zeigt an jedem Ort in die Richtung des Magnetfeldvektors, so daß $\mathbf{F} = F \cdot \mathbf{t}$ gilt; der Einheitsvektor $\mathbf{n}$ in Hauptnormalenrichtung ist beim Dipolfeld nach innen gerichtet, der Einheitsvektor $\mathbf{b} = \mathbf{t} \times \mathbf{n}$ in Binormalenrichtung zeigt nach Westen.

Im Anhang A1. wird dieses Koordinatensystem kurz beschrieben, und einige im Verlauf der Rechnungen benötigten Beziehungen sind dort angegeben.

Der Drucktensor P hat im System $\mathbf{t}, \mathbf{n}, \mathbf{b}$ die einfache Diagonalform

$$P = \begin{pmatrix} p_t & 0 & 0 \\ 0 & p_n & 0 \\ 0 & 0 & p_n \end{pmatrix} \qquad (2.5)$$

Als Div P ist definiert:

$$\text{Div } P = \lim_{V \to 0} \frac{1}{V} \int_O P \, \mathbf{N} \, df \qquad (2.6)$$

Das Integral ist über die Oberfläche O des Volumens V auszuführen. $\mathbf{N}$ ist der Einheitsvektor auf die V umschließende Fläche und zeigt nach außen. Nach dieser Definition kann Div P elementar berechnet werden; das Ergebnis ist im Anhang A2. hergeleitet. Nach (A2.10) ergibt sich

$$\text{Div } P = \left[\frac{\partial p_t}{\partial s_1} - (p_t - p_n)\eta\right] \mathbf{t} + \left[\frac{\partial p_n}{\partial s_2} + (p_t - p_n)\varkappa\right] \mathbf{n} + \frac{\partial p_n}{\partial s_3} \mathbf{b} \qquad (2.7)$$

Die partiellen Richtungsableitungen nach s_1, s_2, s_3 beschreiben Differentiationen in Tangential-, Normal- und Binormalen-Richtung; die Größe $\varkappa$ gibt die Krümmung der Magnetfeldlinien an $\varkappa = (\partial F/\partial s_2)/F$; für die Größe η gilt $\eta = (\partial F/\partial s_1)/F$. Im Anhang A1. Gleichung (A1.18) und (A1.19) werden $\varkappa$ und η in Kugelkoordinaten r und ϑ angegeben.

Die Ausgangsgleichung (2.4) liefert also zusammen mit (2.7) die Normal- und Binormal-Komponente der Stromdichte j

$$j_b = \frac{c}{F}\left(\frac{\partial p_n}{\partial s_2} + (p_t - p_n)\varkappa\right) \tag{2.8}$$

$$j_n = -\frac{c}{F}\frac{\partial p_n}{\partial s_3} \tag{2.9}$$

Ferner erhält man

$$(p_t - p_n)\eta - \frac{\partial p_t}{\partial s_1} = 0 \tag{2.10}$$

Ist die Druckverteilung des Plasmas unabhängig von s_3 (in Kugelkoordinaten unabhängig von φ), gilt also $\partial p_n/\partial s_3 = 0$, dann existiert kein Strom in Normalrichtung.

Es kann angenommen werden, daß im quasi-stationären Fall keine Ladungsanhäufungen in der Magnetosphäre stattfinden; d.h. es gilt

$$\text{div } j = 0 \tag{2.11}$$

Im System des begleitenden Dreibeins lautet diese Gleichung nach (A1.12)

$$\frac{\partial j_t}{\partial s_1} + \frac{\partial j_n}{\partial s_2} + \frac{\partial j_b}{\partial s_3} - \eta j_t - (\varkappa + \varepsilon) j_n = 0 \tag{2.12}$$

Daraus folgt mit (2.8) und (2.9)

$$\frac{\partial j_t}{\partial s_1} - \eta j_t = \frac{c}{F}\left[-(\varkappa+\varepsilon)\frac{\partial p_n}{\partial s_3} - \varkappa\frac{\partial p_t}{\partial s_3} + \varkappa\frac{\partial p_n}{\partial s_3} + \left(\frac{\partial}{\partial s_2}\frac{\partial p_n}{\partial s_3} - \frac{\partial}{\partial s_3}\frac{\partial p_n}{\partial s_2}\right)\right] \tag{2.13}$$

Da die Differentiationen im System des begleitenden Dreibeins im allgemeinen nicht vertauschbar sind, wird der letzte Summand in der Klammer nicht gleich null. Mit (A1.9) wird aus (2.13)

$$\frac{\partial j_t}{\partial s_1} - \eta j_t = \frac{c}{F}\left[-\frac{\partial p_n}{\partial s_3} - \frac{\partial p_t}{\partial s_3} + \left(\frac{\partial}{\partial s_2} - \frac{\partial}{\partial s_3}\right) \cdot \left(t\frac{\partial p_n}{\partial s_1} + n\frac{\partial p_n}{\partial s_2} + b\frac{\partial p_n}{\partial s_3}\right)\right] \tag{2.14}$$

Die Anwendung von (A1.5c) und (A1.6b) führt schließlich auf

$$\frac{\partial j_t}{\partial s_1} - \eta j_t = -\frac{c}{F}\varkappa\frac{\partial p_t}{\partial s_3} \tag{2.15}$$

Bei konstantem Druck entlang den Breitenkreisen ist $\partial p_t/\partial s_3 = 0$ und die Gleichung vereinfacht sich zu

$$\frac{\partial j_t}{\partial s_1} - \eta j_t = 0 \tag{2.16}$$

oder in Kugelkoordinaten mit (A 1.15) und (A 1.19)

$$-2 \cos \vartheta \frac{\partial j_t}{\partial r} - \frac{\sin \vartheta}{r} \frac{\partial j_t}{\partial \vartheta} = \frac{3 \cos \vartheta (3 + 5 \cos^2 \vartheta)}{r(1 + 3 \cos^2 \vartheta)} j_t \qquad (2.17)$$

Mit dem Ansatz $j_t = R(r) \Theta(\vartheta)$ erhält man als eine Lösung dieser Differentialgleichung

$$j_t = k r^{-c} \sin^{2c-6} \vartheta \, (1/3 + \cos^2 \vartheta)^{1/2} \qquad (2.18)$$

Darin sind k und c Konstanten. Senkrecht zur Äquatorebene kann im Mittel über eine längere Zeit kein Strom fließen; das heißt es muß $j_t = 0$ für $\vartheta = 90°$ sein. Eine weitere einleuchtende Bedingung muß fordern, daß an der Erdoberfläche kein Strom parallel zu den Feldlinien fließt. Diese Bedingungen führen, auch wenn statt (2.18) ein etwas allgemeinerer, aus einer Summe bestehender Ausdruck angesetzt wird, auf

$$j_t = 0 \qquad (2.19)$$

Bei einer von s_3 unabhängigen Druckverteilung (in Kugelkoordinaten unabhängig von der Länge) gibt es also nur eine Stromkomponente j_b gemäß (2.8). Wird aber eine während der Hauptphase zeitweise mögliche längenabhängige Druckverteilung zugelassen, dann sind Stromkomponenten in Normalrichtung nach (2.9) und in tangentialer Richtung nach der Differentialgleichung (2.15) zu erwarten. Die Herleitung eines elektrischen Stroms in Tangentialrichtung führt auf große Schwierigkeiten, weil dabei das Gebiet der Ionosphäre mit ihren ganz anderen physikalischen Eigenschaften berücksichtigt werden muß. Im folgenden soll deshalb nur der einfache Fall einer längenunabhängigen Druckverteilung behandelt werden.

2.2 Die Beziehung zwischen Tangential- und Normal-Druck und die Neigungswinkelverteilung

Die aus der Grundgleichung der Magnetohydrodynamik für den stationären Fall berechnete Gleichung (2.10) liefert einen Zusammenhang zwischen den verschieden angenommenen Druckkomponenten p_t und p_n. Diese Gleichung sei unter Benutzung von (A 1.19) und (A 1.15) in Kugelkoordinaten umgeschrieben:

$$-\frac{3 \cos \vartheta (3 + 5 \cos^2 \vartheta)}{r(1 + 3 \cos^2 \vartheta)^{3/2}} (p_t - p_n) - \frac{2 \cos \vartheta}{(1 + 3 \cos^2 \vartheta)^{1/2}} \frac{\partial p_t}{\partial r} - \frac{\sin \vartheta}{r(1 + 3 \cos^2 \vartheta)^{1/2}} \frac{\partial p_t}{\partial \vartheta} = 0 \qquad (2.20)$$

Eine einfachere Form ergibt sich aus (2.10) mit Gleichung (A 1.7a):

$$(p_t - p_n) \frac{1}{F} \frac{\partial F}{\partial s_1} - \frac{\partial p_t}{\partial s_1} = 0 \qquad (2.21)$$

Zur Lösung dieser Gleichung wird eine weitere Beziehung zwischen p_t und p_n benötigt.

Der Gasdruck in der Magnetosphäre entsteht aus der Bewegung der einzelnen geladenen Partikel. Der Einfachheit halber wird zunächst angenommen, das Gas bestehe nur aus einer Art Teilchen, die alle die gleiche Masse m und Geschwindigkeit v haben. Der Winkel zwischen der Richtung des Geschwindigkeitsvektors **v** und dem Magnetfeld **F** sei der Neigungswinkel α; dann hat der Geschwindigkeitsvektor die beiden Komponenten

$$v_n = v \sin \alpha \qquad (2.22)$$

$$v_t = v \cos \alpha \qquad (2.23)$$

und es ist

$$v^2 = v_n^2 + v_t^2 \qquad (2.24)$$

Ferner sei angenommen, es gebe eine Funktion $\Phi(s_1, \alpha)$, die angibt, wie groß der Anteil der Teilchen mit Neigungswinkeln zwischen α und $\alpha + d\alpha$ ist. Dabei hängt Φ von der Koordinate s_1 entlang einer beliebigen Feldlinie und vom Neigungswinkel α ab. Es gilt dann für die Teilchendichte N:

$$N(s_1) = \int_0^\pi \Phi(s_1, \alpha) \, d\alpha \qquad (2.25)$$

Die beiden Druckkomponenten lassen sich durch die Verteilungsfunktion $\Phi(s_1, \alpha)$ ausdrücken:

$$p_n(s_1) = \int_0^\pi \Phi(s_1, \alpha) \tfrac{1}{2} m v_n^2 \, d\alpha \qquad (2.26)$$

$$p_t(s_1) = \int_0^\pi \Phi(s_1, \alpha) \, m v_t^2 \, d\alpha \qquad (2.27)$$

Der Faktor 1/2 in (2.26) ergibt sich dadurch, daß v_n zwei Komponenten des dreidimensionalen Geschwindigkeitsvektors $\mathbf{v}$ enthält. Er ergibt sich ähnlich wie der Faktor 1/3 in der Grundgleichung der kinetischen Gastheorie $p = N m v^2/3$, wo v alle drei Komponenten des Vektors $\mathbf{v}$ enthält (siehe z.B. PARKER [1957]).

Für v_t^2 in (2.27) kann $v_t^2 = v^2 - v_n^2$ gesetzt werden. Aus den Gleichungen (2.25) bis (2.27) folgt

$$p_t(s_1) - p_n(s_1) = N(s_1) m v^2 - 3 p_n(s_1) \qquad (2.28)$$

Einsetzen dieser Gleichung in (2.21) ergibt

$$(N(s_1) m v^2 - 3 p_t) \frac{1}{F} \frac{\partial F}{\partial s_1} - \frac{\partial (N(s_1) m v^2 - 2 p_t)}{\partial s_1} = 0 \qquad (2.29)$$

Hierin wird p_n nach (2.26) durch die Verteilungsfunktion $\Phi(s_1, \alpha)$ und $N(s_1)$ nach (2.25) ersetzt. Unter Berücksichtigung von $v_n^2 = v^2 \sin^2\alpha = v^2(1 - \cos^2\alpha)$ wird schließlich

$$\frac{1}{2F} \frac{\partial F}{\partial s_1} \int_0^\pi \Phi(s_1, \alpha) \, d\alpha = \frac{-3}{2F} \frac{\partial F}{\partial s_1} \int_0^\pi \Phi(s_1, \alpha) \cos^2\alpha \, d\alpha + \frac{\partial}{\partial s_1} \left(\int_0^\pi \Phi(s_1, \alpha) \cos^2\alpha \, d\alpha \right) \qquad (2.30)$$

Eine ähnliche Differentialgleichung für die Neigungswinkelverteilungsfunktion tritt bei PARKER [1957] auf. Dort wird sie aus der Behandlung der Bewegung geladener Teilchen in einem Magnetfeld hergeleitet. In bestimmten Magnetfeldkonfigurationen, wie zum Beispiel im Dipolfeld, können die Partikel eingefangen werden. Sie bewegen sich hauptsächlich spiralenförmig entlang den Feldlinien zwischen zwei magnetischen Spiegeln. Zusätzlich führen sie eine Driftbewegung auf Breitenkreisen aus, die zusammen mit dem sogenannten Magnetisierungsstrom auf den Ringstrom führt. Als Lösung seiner Gleichung für die Neigungswinkelfunktion gibt PARKER an:

$$\Phi(s_1, \alpha) = \frac{\Gamma(s_0) \, \Gamma(\gamma + 1)}{2^\gamma \, \Gamma^2((\gamma+1)/2)} \left(\frac{F(s_0)}{F(s_1)} \right)^{(\gamma - 1)/2} \sin^\gamma \alpha \qquad (2.31)$$

$F(s_0)$ und $N(s_0)$ bedeuten darin Feldstärke und Teilchendichte an einer Stelle s_0 einer beliebigen Feldlinie. In dem durch ein Dipolfeld angenäherten Erdmagnetfeld soll s_0 jeweils die Schnittpunkte der Feldlinien mit der geomagnetischen Äquatorebene angeben. $\Gamma(z)$ ist die Gammafunktion und γ[1] eine frei verfügbare Zahl, die größer als null sein muß. Im Anhang A3. wird gezeigt, daß (2.31) eine Lösung der Gleichung (2.30) ist. Die Teilchendichte entlang der Feldlinien ist nach (A3.9)

$$N(s_1) = N(s_0) \left(\frac{F(s_0)}{F(s_1)} \right)^{(\gamma-1)/2} \qquad (2.32)$$

Bei bekannter Dichteverteilung $N(s_0)$ in der Äquatorebene kann für einen angenommenen oder z.B. aus Satelliten-Messungen bekannten Wert von γ die Teilchendichte $N(s_1)$ auch in Gebieten außerhalb der Äquatorebene nach (2.32) bestimmt werden.

Die Druckkomponenten p_n und p_t lassen sich nun mit Hilfe der Verteilungsfunktion darstellen. Nach (A3.15) und (A3.16) ist

$$p_n(s_1) = \frac{1}{2} m v^2 \frac{\gamma+1}{\gamma+2} N(s_0) \left(\frac{F(s_0)}{F(s_1)} \right)^{(\gamma-1)/2} \qquad (2.34)$$

$$p_t(s_1) = \frac{1}{2} m v^2 \frac{2}{\gamma+2} N(s_0) \left(\frac{F(s_0)}{F(s_1)} \right)^{(\gamma-1)/2} \qquad (2.35)$$

Eine isotrope Druckverteilung liegt vor, wenn $p_n = p_t$ ist; dann muß nach den beiden Gleichungen $\gamma = 1$ sein. Aus (2.32) folgt dann, daß bei Isotropie des Druckes die Teilchendichte längs s_1 konstant ist.

Durch Einsetzen der Ausdrücke für p_n und p_t in Gleichung (2.18) ergibt sich für die Stromdichte

$$j_b = \frac{c}{F} \frac{mv^2}{2(\gamma+2)} \left[(\gamma+1) \frac{\partial}{\partial s_2} \left(N(s_0,s_2) \left(\frac{F(s_0,s_2)}{F(s_1,s_2)} \right)^{(\gamma-1)/2} \right) + (1-\gamma) \varkappa N(s_0,s_2) \left(\frac{F(s_0,s_2)}{F(s_1,s_2)} \right)^{(\gamma-1)/2} \right]$$
(2.36)

Diese Gleichung gibt die Ringstromdichte in der Magnetosphäre an. Die Größen N und F sind noch von der Koordinate s_2 abhängig; in den vorhergehenden Rechnungen war diese Koordinate nicht hingeschrieben, da keine Ableitungen in Normalrichtung vorkamen. Streng genommen gilt (2.36) nur für ein Plasma, dessen geladene Teilchen alle gleiche Masse und gleiche Geschwindigkeit haben. Die Rechnungen können jedoch auf jede Teilchenart angewendet werden, und die einzelnen Anteile zur Stromdichte können dann zu einer Gesamtstromdichte addiert werden. Dabei muß allerdings eine für alle Teilchen gleiche Neigungswinkelverteilungsfunktion (gleicher Wert von γ) vorausgesetzt werden.

Statt der Teilchendichte $N(s_0,s_2)$ soll in (2.36) die Dichte der kinetischen Energie aller Protonen und Elektronen in einem cm^3 eingeführt werden. Diese Energiedichte kann dargestellt werden durch

$$E_k(s_0,s_2) = \sum_\nu \frac{m_p v^2}{2} N_{\nu p}(s_0,s_2) + \sum_\nu \frac{m_e v^2}{2} N_{\nu e}(s_0,s_2) \qquad (2.37)$$

---

[1] Die Zahl γ wurde von PARKER [1957] so eingeführt und wird in der Literatur weitgehend verwendet. Die Bezeichnung γ wird deshalb auch hier vorgezogen, da eine Verwechslung mit der ebenfalls gebrauchten Einheit $1\gamma = 10^{-5}$ Gauß nicht zu befürchten ist.

Darin bedeuten m_p und m_e die Protonen- bzw. Elektronen-Masse; v_ν ist die Geschwindigkeit, die einem durch ν gekennzeichneten Geschwindigkeitsbereich zuzuordnen ist, und $N_{\nu p}$ (bzw. $N_{\nu e}$) sind die Teilchendichten von Protonen (bzw. Elektronen) im ν-ten Geschwindigkeitsbereich. Es wird über alle Geschwindigkeitsbereiche summiert. Bei einer der Wirklichkeit entsprechenden kontinuierlichen Geschwindigkeitsverteilung müßten in (2.37) an Stelle der Summen Integrale über den ganzen Geschwindigkeitsbereich stehen. Mit (2.37) lautet die Gleichung für die Gesamtstromdichte

$$j_b = \frac{c}{F} \left[\frac{\gamma+1}{\gamma+2} \frac{\partial}{\partial s_2} \left(E_k(s_0, s_2) \left(\frac{F(s_0, s_2)}{F(s_1, s_2)} \right)^{(\gamma-1)/2} \right) + \frac{1-\gamma}{\gamma+2} \varkappa\, E_k(s_0, s_2) \left(\frac{F(s_0, s_2)}{F(s_1, s_2)} \right)^{(\gamma-1)/2} \right] \quad (2.38)$$

Die Stromdichte an jeder Stelle wird also wesentlich durch die Energiedichte und deren Gradienten in Hauptnormalrichtung senkrecht zum Magnetfeld bestimmt. Es ist hier nicht wesentlich, ob sich an der betrachteten Stelle viele Teilchen mit geringer Energie oder nur wenige mit hoher kinetischer Energie befinden. Zur Berechnung von j_b muß neben dem Energiedichteprofil in der Äquatorebene noch der Parameter γ für die Verteilungsfunktion der Neigungswinkel bekannt sein.

Für die Rechnungen in den folgenden Abschnitten wird eine Darstellung der Stromdichte in Kugelkoordinaten benötigt. Es ist

$$j_\varphi = -j_b$$

In einem Dipolfeld gilt zwischen der Koordinate r und dem Äquatorabstand r_0 einer bestimmten Feldlinie die Beziehung

$$r = r_0 \sin^2 \vartheta$$

Es kann also statt r die Koordinate $r_0 = r/\sin^2 \vartheta$ benutzt werden. In einem Koordinatensystem mit r_0, ϑ, φ wird nach (2.38)

$$j_\varphi = -\frac{c}{F} \left[\frac{\gamma+1}{\gamma+2} \frac{\partial}{\partial s_2} \left(E_k(r_0) \left(\frac{F(r_0)}{F(r_0, \vartheta)} \right)^{(\gamma-1)/2} \right) + \frac{1-\gamma}{\gamma+2} \varkappa\, E_k(r_0) \left(\frac{F(r_0)}{F(r_0, \vartheta)} \right)^{(\gamma-1)/2} \right] \quad (2.39)$$

Wenn die Druckkomponenten p_t und p_n eingeführt werden, ergibt sich wieder Gleichung (2.8). Die hierbei vorkommende Differentiation nach s_2 wird gemäß Gleichung (A1.16b) ausgeführt. Die Stromdichte ist an jeder Stelle umgekehrt proportional zur Magnetfeldstärke F. Bei stärkerem Magnetfeld fließt also ein geringerer Strom in φ-Richtung; die Beweglichkeit der geladenen Teilchen senkrecht zur Magnetfeldrichtung wird geringer.

3. Das Magnetfeld des Ringstroms

3.1 Allgemeine Berechnung des Magnetfeldes

Das Magnetfeld $\Delta \mathbf{F}$ des in Abschnitt 2 behandelten elektrischen Stroms j_φ soll über das Vektorpotential berechnet werden. Es gilt allgemein

$$\Delta \mathbf{F} = \operatorname{rot} \mathbf{A} \tag{3.1}$$

mit

$$\mathbf{A}(\mathbf{r}) = \frac{1}{c} \int_{V'} \frac{\mathbf{j}(\mathbf{r}')}{|\mathbf{r}'-\mathbf{r}|} dV' \tag{3.2}$$

wobei das Integral über das ganze stromführende Gebiet zu erstrecken ist; $\mathbf{r}'$ ist der Radiusvektor zu einem Volumenelement dV', $\mathbf{r}$ der Vektor zu dem Punkt, für den das Vektorpotential und das Magnetfeld bestimmt werden sollen. Gleichung (3.2) gilt in dieser Form nur in kartesischen Koordinaten. Im Kugelkoordinatensystem, das in diesem Abschnitt benutzt werden soll, hat $\mathbf{j}(\mathbf{r}')$ nur eine Komponente $j_\varphi = -j_b$. Wird in eine Ebene des Kugelkoordinatensystems, in der ϑ konstant ist (z.B. Äquatorebene), ein kartesisches x-y-System gelegt, so gilt nach (3.2)

$$A_x(\mathbf{r}) = -\frac{1}{c} \int_{V'} \frac{j_\varphi(\mathbf{r}') \sin \varphi'}{|\mathbf{r}'-\mathbf{r}|} dV'$$

$$A_y(\mathbf{r}) = \frac{1}{c} \int_{V'} \frac{j_\varphi(\mathbf{r}') \cos \varphi'}{|\mathbf{r}'-\mathbf{r}|} dV'$$

Ferner ist $A_\varphi = -A_x \sin \varphi + A_y \cos \varphi$. Damit erhält man

$$A_\varphi(\mathbf{r}) = \frac{1}{c} \int_{V'} \frac{j_\varphi(\mathbf{r}') \cos(\varphi'-\varphi)}{|\mathbf{r}'-\mathbf{r}|} dV' \tag{3.3}$$

In Kugelkoordinaten ist das Volumenelement gegeben durch

$$dV' = r'^2 \sin \vartheta' \, dr' \, d\vartheta' \, d\varphi' \tag{3.4}$$

Der Nenner unter dem Integral in (3.3) kann nach Kugelfunktionen entwickelt werden

$$\frac{1}{|\mathbf{r}'-\mathbf{r}|} = \frac{1}{r} \sum_{n=0}^{\infty} \left[\left(\frac{r}{r'}\right)^{n+1} \sum_{m=-n}^{n} \frac{(n-|m|)!}{(n+|m|)!} P_n^m(\cos \vartheta') \cdot P_n^m(\cos \vartheta) e^{im(\varphi'-\varphi)} \right] \tag{3.5a}$$
$$\text{für } r < r'$$

$$\frac{1}{|\mathbf{r}'-\mathbf{r}|} = \frac{1}{r} \sum_{n=0}^{\infty} \left[\left(\frac{r'}{r}\right)^{n} \sum_{m=-n}^{n} \frac{(n-|m|)!}{(n+|m|)!} P_n^m(\cos \vartheta') \cdot P_n^m(\cos \vartheta) e^{im(\varphi'-\varphi)} \right] \tag{3.5b}$$
$$\text{für } r > r'$$

Die hier und in den folgenden Abschnitten verwendeten Kugelfunktionen $P_n^m(\cos \vartheta)$ sind so normiert, daß die folgende Orthogonalitätsrelation gilt:

$$\int_0^\pi P_n^m(\cos\vartheta) P_{n'}^m(\cos\vartheta) \sin\vartheta \, d\vartheta = \frac{2(n+m)!}{(2n+1)(n-m)!} \delta_{nn'} \qquad (3.6)$$

Es ist $e^{im(\varphi'-\varphi)} + e^{-im(\varphi'-\varphi)} = 2\cos m(\varphi'-\varphi)$. Werden die Ausdrücke (3.5a) und (3.5b) mit $\cos(\varphi'-\varphi)$ multipliziert, und wird dann die zur Bestimmung des Integrals (3.3) erforderliche Integration über φ' von 0 bis 2π durchgeführt, so bleiben von der Summe nur noch die Glieder mit $P_n^1(\cos\vartheta)$ übrig; denn es gilt

$$\int_0^\pi \cos nx \cos mx \, dx = 0 \qquad \text{für} \quad m \neq n \qquad (3.7)$$

Die φ-Komponente des Vektorpotentials wird also

$$A_\varphi(r,\vartheta) = \frac{1}{c} \sum_{n=0}^\infty r^n \frac{2(n-1)!}{(n+1)!} P_n^1(\cos\vartheta) \iiint_{V'} j_\varphi(r',\vartheta') \cdot \frac{r'^2 \sin\vartheta'}{r'^{n+1}} P_n^1(\cos\vartheta') \cos^2(\varphi'-\varphi) \, dr' d\vartheta' d\varphi' \qquad (3.8)$$
$$\text{für} \quad r < r'$$

Das Integral in (3.8) kann vereinfacht werden mit der Beziehung

$$\int_0^{2\pi} \cos^2(\varphi'-\varphi) \, d\varphi' = \frac{1}{2} \int_0^{2\pi} d\varphi' = \pi \qquad (3.9)$$

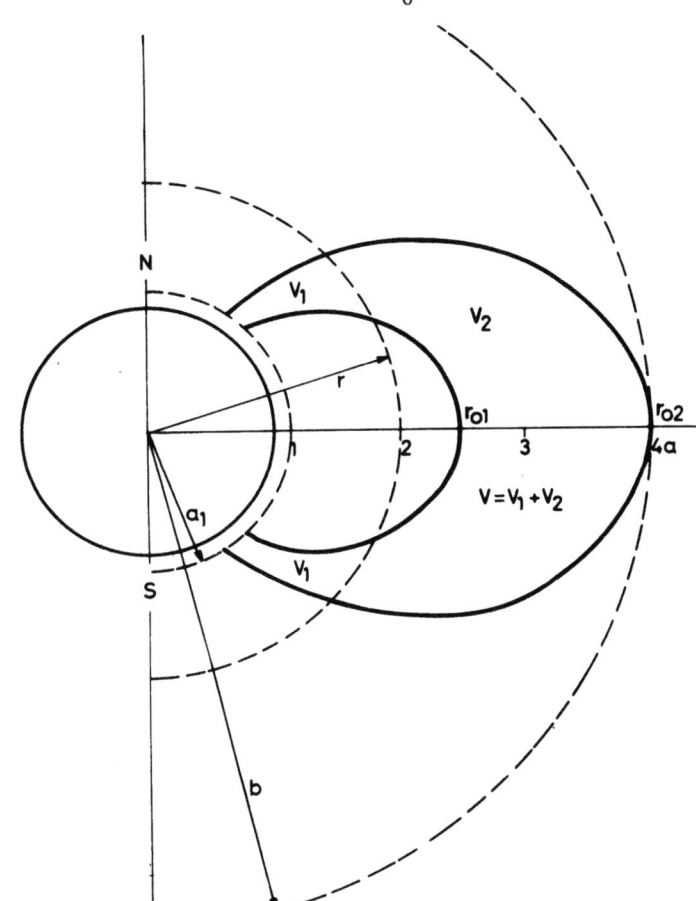

Ein (3.8) entsprechender Ausdruck kann nach (3.5b) für Gebiete mit $r > r'$ berechnet werden. Statt r^n/r'^{n+1} steht darin r'^n/r^{n+1}.

Das Integrationsgebiet ist in Abbildung 2 in einem Meridianausschnitt skizziert. Es wird durch zwei Kreise mit den Radien b (äußerer Rand) und a_1 (innerer Rand) begrenzt. Bei den Modellrechnungen in Abschnitt 5 wird die den Strom j_φ bestimmende Energiedichte des Plasmas in der Äquatorebene so gewählt, daß unterhalb einer Feldlinie mit

Abb. 2: Meridianschnitt des Ringstromgebietes. Der Strom fließe zwischen $r = a_1$ und $r = b$. Bei einer äquatorialen Energiedichteverteilung mit $E_k = 0$ für $r_0 < r_{01}$ und $r_0 > r_{02}$ bilden die beiden zugehörigen Feldlinien und Teile des Kreises mit dem Radius a_1 die Grenzen des Stromgebietes. Zur Berechnung des Ringstrommagnetfeldes an einer Stelle $r > a_1$ muß zwischen zwei Integrationsvolumina V_1 und V_2 unterschieden werden.

dem Äquatorabstand r_{01} und oberhalb einer Feldlinie mit r_{02} kein Strom fließt. Dann geben die beiden Feldlinien die Grenzen des Stromgebietes an.

Die Stromdichte j_φ ist wie das Integrationsvolumen symmetrisch zur Ebene mit $\vartheta = \pi/2$. Integriert man in (3.8) über ϑ, dann verschwinden die Glieder der Summe, bei denen unter dem Integral eine in bezug auf $\vartheta = \pi/2$ antisymmetrische Funktion steht. Das sind gerade die Glieder, in denen n eine gerade Zahl ist. Es bleiben nur noch die Summanden mit P_1^1, P_3^1, P_5^1 usw.

Für die Berechnung von $A_\varphi(a, \vartheta)$ an der Erdoberfläche gilt im ganzen Stromgebiet $r = a < r'$. Soll das Vektorpotential in Gebieten mit $r > a_1$ (z.B. $r = 2a$) bestimmt werden, muß zwischen zwei Integrations-Volumina V_1 und V_2 unterschieden werden. Es ergeben sich dann zwei Anteile für A_φ: der Anteil aus dem Stromgebiet V_1 mit $r > r'$ und ein zweiter aus dem Gebiet V_2 mit $r < r'$. Es wird

$$A_\varphi(r, \vartheta) = \frac{1}{c} \sum_{n=1,3}^{\infty} \frac{(n-1)!}{(n+1)!} P_n^1(\cos\vartheta) \left[\int_{V_1(r)} j_\varphi \frac{r'^n}{r^{n+1}} P_n^1(\cos\vartheta') dV' + \int_{V_2(r)} j_\varphi \frac{r^n}{r'^{n+1}} P_n^1(\cos\vartheta') dV' \right] \tag{3.10}$$

Die Integration über φ von 0 bis 2π kann ausgeführt werden und ergibt einen Faktor 2π. Aus (3.10) lassen sich die Komponenten des von j_φ erzeugten Magnetfeldes berechnen, das dem permanenten Erdmagnetfeld als Störfeld überlagert ist. Bezeichnet man die ϑ-Komponente mit ΔF_ϑ und die r-Komponente mit ΔF_r, dann ist nach (3.1)

$$\Delta F_\vartheta(r, \vartheta) = -\frac{1}{r} \frac{\partial}{\partial r}(r A_\varphi) \tag{3.11}$$

$$\Delta F_r(r, \vartheta) = \frac{1}{r \sin\vartheta} \frac{\partial}{\partial \vartheta}(\sin\vartheta \, A_\varphi) \tag{3.12}$$

Mit A_φ aus (3.10) und dV' nach (3.4) wird nach Integration über φ

$$\Delta F_\vartheta(r, \vartheta) = \frac{2\pi}{c} \sum_{n=1,3}^{\infty} \frac{(n-1)!}{(n+1)!} P_n^1(\cos\vartheta) \cdot$$

$$\cdot \left[\frac{n}{r^{n+2}} \int_{a_1}^{r} \int_0^\pi j_\varphi \, r'^{n+2} P_n^1(\cos\vartheta') \sin\vartheta' \, dr' d\vartheta' - (n+1) r^{n-1} \int_r^b \int_0^\pi \frac{j_\varphi}{r'^{n-1}} P_n^1(\cos\vartheta') \sin\vartheta' dr' d\vartheta' \right] \tag{3.13}$$

Ein entsprechender Ausdruck ergibt sich für ΔF_r. Bei der Berechnung muß die für Kugelfunktionen gültige Beziehung

$$\frac{1}{\sin\vartheta} \frac{\partial}{\partial \vartheta}(P_n^1(\cos\vartheta)\sin\vartheta) = n(n+1) P_n(\cos\vartheta) \tag{3.14}$$

berücksichtigt werden. Die Anwendung dieser Gleichung führt nach (3.12) und mit A_φ nach (3.10) auf

$$\Delta F_r(r, \vartheta) = \frac{2\pi}{c} \sum_{n=1,3}^{\infty} P_n(\cos\vartheta) \cdot$$

$$\cdot \left[\frac{1}{r^{n+2}} \int_{a_1}^{r} \int_0^\pi j_\varphi \, r'^{n+2} P_n^1(\cos\vartheta')\sin\vartheta' dr' d\vartheta' + r^{n-1} \int_r^b \int_0^\pi j_\varphi \frac{1}{r'^{n-1}} P_n^1(\cos\vartheta')\sin\vartheta' dr' d\vartheta' \right] \tag{3.15}$$

In (3.13) und (3.15) ergeben jeweils die ersten Integrale in den Klammern den Anteil des Magnetfeldes, der aus dem inneren Stromgebiet mit r > r' kommt; sie verschwinden, wenn ΔF_ϑ und ΔF_r an Stellen mit $r < a_1$ (z.B. an der Erdoberfläche) berechnet werden.

3.2 Das erste Glied der Reihenentwicklung

Der erste Summand der Reihenentwicklungen für ΔF_r und ΔF_ϑ wird nach den Gleichungen (3.13) und (3.15) mit $P_1^1 = \sin\vartheta$, $P_1 = \cos\vartheta$ und mit dem Volumenelement dV' nach (3.4) an der Erdoberfläche (r = a)

$$\Delta F_{\vartheta 1}(a,\vartheta) = -\frac{1}{c}\sin\vartheta \int_{V'} \frac{j_\varphi}{r'^2}\sin\vartheta' dV' \qquad (3.16)$$

$$\Delta F_{r 1}(a,\vartheta) = \frac{1}{c}\cos\vartheta \int_{V'} \frac{j_\varphi}{r'^2}\sin\vartheta' dV' \qquad (3.17)$$

Der Betrag des Störfeldes ergibt sich aus den Komponenten zu

$$\Delta F_1(a) = \frac{1}{c} \int_{V'} \frac{j_\varphi}{r'^2}\sin\vartheta' dV' \qquad (3.18)$$

Die erste Näherung stellt also ein konstantes Magnetfeld unterhalb des Stromgebietes dar. Einsetzen von j_φ nach (2.39) ergibt mit F nach (A1.14) und $\varkappa$ nach (A1.18)

$$\Delta F_1 = -\frac{1}{M} \int_V \left[\frac{r \sin\vartheta}{(1+3\cos^2\vartheta)^{1/2}} \frac{\partial p_n}{\partial s_2} + \frac{3\sin\vartheta(1+\cos^2\vartheta)}{(1+3\cos^2\vartheta)^2} \cdot (p_t - p_n) \right] dV \qquad (3.19)$$

Die Striche bei r und ϑ sind weggelassen, da hier und auch in den folgenden Rechnungen keine Verwechslungsmöglichkeit zwischen den Koordinaten des stromführenden Gebietes und denen des zu bestimmenden Magnetfeldes besteht. An Stelle von r wird die Koordinate $r_0 = r/\sin^2\vartheta$ eingeführt und $\partial p_n/\partial s_2$ nach (A1.16b) ausgeführt:

$$\Delta F_1 = -\frac{1}{M} \int_V \left[-r_0 \frac{\partial p_n}{\partial r_0} + \frac{2\sin\vartheta \cos\vartheta}{(1+3\cos^2\vartheta)} \frac{\partial p_n}{\partial\vartheta} + 3(p_t - p_n) \frac{1-\cos^4\vartheta}{1+3\cos^2\vartheta} \right] dV \qquad (3.20)$$

Die Summanden unter dem Integral werden einzeln behandelt; der erste ergibt ein Integral

$$\int_V -r_0 \frac{\partial p_n}{\partial r_0} dV = -\iiint_V r_0 \frac{\partial p_n(r_0,\vartheta)}{\partial r_0} r_0^2 \sin^7\vartheta\, dr_0 d\vartheta d\varphi \qquad (3.21)$$

Das Integral auf der rechten Seite wird über r_0 von a_1 bis b (siehe Abb. 2) partiell integriert. Von den dabei entstehenden zwei Integralen entfällt das eine, wenn an den Integrationsgrenzen der Normaldruck des Gases verschwindet, wenn also $p_n(a_1,\vartheta) = p_n(b,\vartheta) = 0$ angenommen wird. Diese Annahme ist gerechtfertigt bei einer verschwindenden Energiedichte am unteren und oberen Rand des magnetosphärischen Stromgürtels. Es bleibt dann nach (3.21)

$$\int_V -r_0 \frac{\partial p_n}{\partial r_0} dV = 3 \int_V p_n(r_0,\vartheta) dV \qquad (3.22)$$

In den zweiten Summanden unter dem Integral (3.20) wird p_n nach (2.34) eingesetzt und die Differentiation nach ϑ ausgeführt. Nach einigen Umformungen erhält man

$$\frac{2\sin\vartheta\cos\vartheta}{1+3\cos^2\vartheta}\frac{\partial p_n}{\partial\vartheta} = p_n\frac{6(1-\cos^4\vartheta)}{(1+3\cos^2\vartheta)^2} - 4p_n + p_n\frac{9\gamma\cos^2\vartheta + 15\gamma\cos^4\vartheta - 2 + 15\cos^2\vartheta + 27\cos^4\vartheta}{(1+3\cos^2\vartheta)^2} \quad (3.23)$$

Der dritte Summand auf der rechten Seite dieser Gleichung werde mit $W(r_0,\vartheta)$ abgekürzt und die Ausdrücke (3.22) und (3.23) in (3.20) eingesetzt; das führt auf

$$\Delta F_1 = \frac{3}{M}\int_V (\frac{1}{3}p_n - (p_n+p_t)\frac{1-\cos^4\vartheta}{(1+3\cos^2\vartheta)^2})dV - \frac{1}{M}\int_V W(r_0,\vartheta)dV \quad (3.24)$$

An dieser Stelle ermöglicht sich ein Vergleich mit den Rechnungen von SCKOPKE [1966], der den Ringstrom nach der Theorie der Bewegung geladener Teilchen im Erdmagnetfeld behandelt. Bei der Berechnung des Magnetfeldes, das vom Driftstrom und Magnetisierungsstrom im Erdmittelpunkt verursacht wird, treten bei SCKOPKE die beiden Integrale aus Gleichung (3.24) auf. SCKOPKE zeigt, daß ein Integral wie das zweite in (3.24) für alle Werte $\gamma \gtreqless 0$ verschwindet. Das andere Integral ergibt, wenn über das ganze Stromgebiet integriert wird

$$\int_V \left[\frac{1}{3}p_n - (p_n+p_t)\frac{1-\cos^4\vartheta}{(1+3\cos^2\vartheta)^2}\right]dV = -\frac{2E}{3} \quad (3.25)$$

Dabei ist E die gesamte kinetische Energie der geladenen Teilchen im Stromgebiet. Es wird also nach (3.24)

$$\Delta F_1 = -\frac{2E}{M} \quad (3.26)$$

Wird statt des Dipolmoments M des Erdmagnetfeldes die Horizontalintensität H_0 an der Erdoberfläche bei $\vartheta = \pi/2$ (Äquatorebene) $H_0 = M/a^3$ eingeführt und ferner die Energie des Erdfeldes E_m außerhalb der Erdoberfläche

$$E_m = \int_{r\geq a}\frac{F^2}{8\pi}dV = \frac{1}{3}H_0^2 a^3 \quad (3.27)$$

dann kann statt (3.26) auch geschrieben werden

$$\frac{\Delta F_1}{H_0} = -\frac{2E}{3E_m} \quad (3.28)$$

Dieses Ergebnis stimmt mit dem von SCKOPKE [1966] berechneten Ausdruck für das vom Ringstrom verursachte Magnetfeld im Erdmittelpunkt überein. Es ist also der konstante (homogene) Anteil des Ringstrom-Magnetfeldes proportional zur Gesamtenergie des in der Magnetosphäre eingefangenen Plasmas. Die Richtung des Störfeldes ΔF_1 ist der des ungestörten Erdmagnetfeldes entgegengesetzt. Die höheren Glieder in der Kugelfunktionsentwicklung ergeben eine r- und ϑ- Abhängigkeit der Horizontal- und Vertikal-Komponenten des Störfeldes.

Ein dem Dipolfeld der Erde überlagertes Feld ΔF ist immer vorhanden, solange sich in der Magnetosphäre eingefangenes Plasma befindet. Aus Whistler-Beobachtungen kennt man die Elektronendichte in der Magnetosphäre; ein mittleres Dichteprofil kann dargestellt werden durch $N = 6 \cdot 10^{39} \, r^{-4}$ El./cm^3 (z.B. SCHREIBER [1967]). Die kinetische Energie der Elektronen ist kleiner als $1 \, eV = 1,602 \cdot 10^{-12}$ erg (es wird eine Temperatur von 2000° K angegeben). Für Protonen sei eine gleiche Dichteverteilung und Energie angenommen. Die Berechnung der Gesamtenergie eines solchen Plasmas in der Magnetosphäre führt dann auf ein ständiges Magnetfeld $\Delta F_1 < 0,1 \gamma$.

Während der Hauptphase magnetischer Stürme müßte die Gesamtenergie des Plasmas etwa um den Faktor 10^3 steigen, um das auf der Erde beobachtete Störfeld zu erzeugen. Nach CARPENTER [1962] verringert sich die Dichte der Elektronen während magnetischer Stürme und es gibt keine Messungen, die auf eine Energieerhöhung dieser Elektronen schließen lassen. Dagegen werden starke Zunahmen der Energiedichte des energetischen Plasmas in der Magnetosphäre beobachtet; (z.B. von FRANCK [1967]). Schon zu magnetisch ruhigen Zeiten ist die Gesamtenergie der Elektronen und Protonen mit Energien zwischen 0,3 keV und 500 keV größer als die der energiearmen Partikel, deren Teilchendichte allerdings wesentlich größer ist. Das beobachtete Störfeld während der Hauptphase erdmagnetischer Stürme sollte deshalb im wesentlichen auf eine Zunahme der Energiedichte des hochenergetischen Plasmas zurückzuführen sein.

Welcher Mechanismus diese Energiedichteerhöhung verursacht, ist im einzelnen noch ungeklärt, obwohl einige Theorien existieren (siehe z.B. AKASOFU [1966]). Es ist auch noch nicht geklärt, ob durch die Wirkung des verstärkten solaren Windes während magnetischer Stürme einige der in der Magnetosphäre befindlichen Partikel beschleunigt werden (z.B. durch das Auftreten von Stoßwellen), oder ob ein Teil des solaren Windes direkt in die Magnetosphäre eindringt. Bekannt ist jedoch, daß der solare Wind weit mehr Energie mitführt als zur Energiedichteerhöhung des magnetosphärischen Plasmas benötigt wird.

4. Der D_{st} - Anteil des an der Erdoberfläche beobachteten Störfeldes

Aus den Registrierungen der Variationen in den drei Komponenten H (Horizontalkomponente), Z (Vertikalkomponente) und D (Deklination) des Erdmagnetfeldes an vielen möglichst homogen verteilten Stationen läßt sich das Störfeld während der Hauptphase erdmagnetischer Stürme bestimmen. Dabei können Aussagen über das systematische Verhalten des Störfeldes nur durch Mittelung über viele Stürme gewonnen werden; denn einzelne Stürme können in ihrem zeitlichen Ablauf voneinander sehr verschieden sein, und außerdem treten in den Registrierungen kurzzeitige irreguläre Schwankungen auf, die das Bild unübersichtlich machen, die jedoch bei Mittelung weitgehend eliminiert werden können.

In einer Arbeit von SUGIURA und CHAPMAN [1960] werden die allgemeinen Eigenschaften des Störfeldes beschrieben, wie sie aus 346 Stürmen der Jahre 1902 bis 1945 bestimmt wurden. Einige Ergebnisse dieser Arbeit werden im folgenden genauer untersucht.

Die Abweichung einer magnetischen Komponente f vom Normalwert an einem Punkt P auf der Erde zu einer Zeit T (gemessen vom Beginn des Sturmes) werde mit $\Delta(f, T, \Phi, \Lambda)$ bezeichnet. Die Komponente f kann H, Z oder D bedeuten, Φ und Λ sind geomagnetische Breite und Länge des Punktes P. Der Mittelwert von $\Delta(f, T, \Phi, \Lambda)$ mehrerer Stationen auf einem Breitenkreis werde $D_{st}(f, T, \Phi)$ genannt. Die Differenzen zwischen D_{st} und den Einzelwerten $\Delta(f, T, \Phi, \Lambda)$ werden mit $DS(f, T, \Phi, \Lambda)$ bezeichnet. Es ist dann

$$\Delta(f, T, \Phi, \Lambda) = D_{st}(f, T, \Phi) + DS(f, T, \Phi, \Lambda) \tag{4.1}$$

4.

Der Anteil DS kann als Funktion von Λ harmonisch analysiert werden:

$$DS = \sum_n c_n \sin(n\Lambda + \varepsilon_n), \qquad n = 1, 2, \ldots \qquad (4.2)$$

Die Amplituden c_n und die Phasen ε_n sind natürlich noch Funktionen der Breite Θ und der Sturmzeit T. Nach SUGIURA und CHAPMAN sind für alle Komponenten f, alle Sturmzeiten T sowie alle Breiten Θ die ersten Glieder mit dem Koeffizienten c_1 sehr groß gegenüber den weiteren Gliedern. DS enthält also im wesentlichen einen Tagesgang. Die Amplitude c_1 sowie die Phase ε_1 sind für die Komponenten H, Z, D, die verschiedenen Sturmzeiten T und Breiten Θ unterschiedlich. Nach hohen Breiten hin, besonders in der Polarlichtzone, wächst c_1 stark an.

Die Aufspaltung des Störfeldes in einen D_{st}- und DS-Anteil ist eine rein geometrische Teilung bei der mit D_{st} der längenunabhängige Anteil vom gesamten Störfeld abgetrennt wird. Sie läßt zunächst keine Aussage über Ursache und physikalische Eigenschaften des Störfeldes zu. Ein an der Erdoberfläche beobachteter Magnetfeldanteil kann modellmäßig durch bestimmte Stromsysteme beschrieben werden; es darf jedoch deshalb nicht auf die Existenz solcher physikalisch realen elektrischen Ströme geschlossen werden.

CHAPMAN [1961] hat versucht, das Störfeld während magnetischer Stürme nach physikalischen Gesichtspunkten in drei Teile zu zerlegen:

1) Der DCF-Anteil (Corpuscular Flux) entsteht dadurch, daß von der Sonne kommende geladene Partikel durch das Erdmagnetfeld abgeschirmt werden und die Erde in der Magnetopause umströmen. Der entstehende elektrische Strom soll vor allem den Anstieg der Horizontalkomponente bei Sturmbeginn und in der Anfangsphase erklären. Im Verlauf des Sturmes verringert sich der Strom entsprechend der Abnahme des Plasmaflusses von der Sonne.

2) Der DP-Anteil (Polar) entsteht durch das Eindringen geladener Teilchen aus der Magnetosphäre in die Ionosphäre der Polarlichtzone, die dort verstärkte elektrische Ströme verursachen. Diese Ströme sollten vor allem den DS-Anteil des Störfeldes und die kurzzeitigen Variationen während der Hauptphase verursachen; sie können aber zumindest teilweise auch das D_{st}-Feld beeinflussen.

3) Der DR-Anteil (Ring) entsteht durch den Ringstrom; er sollte den größten Teil des D_{st}-Feldes in der Hauptphase wiedergeben. Während der Erholungsphase klingen die Ionosphärenströme schneller ab als der Ringstrom, so daß dann allein der Ringstrom das D_{st}-Feld verursachen sollte.

Eine Zerlegung des beobachteten Störfeldes in die drei genannten Anteile erscheint sehr schwierig, und es ist dem Verfasser keine Arbeit bekannt, in der eine größere Anzahl magnetischer Stürme auf diese von CHAPMAN vorgeschlagene Weise analysiert wurde. Mit einiger Sicherheit kann angenommen werden, daß das Magnetfeld des Ringstroms, wie es nach (3.13) und (3.15) für bestimmte Modelle berechnet werden kann, im wesentlichen den durch die geometrische Analyse bestimmbaren Anteil D_{st} verursacht.

SUGIURA und CHAPMAN [1960] haben die 346 magnetischen Stürme, deren Registrierungen sie untersuchten, in drei Klassen eingeteilt: Große Stürme (G), mittlere Stürme (M) und schwache Stürme (S). Die Unterteilung wurde aus der Abweichung des Tagesmittels von H während des ersten Sturmtages vom Tagesmittel vor dem Sturm gewonnen. Die Stationen, von denen Registrierungen vorlagen, wurden nach der geomagnetischen Breite in acht Gruppen zusammengefaßt und jeder dieser Gruppen eine mittlere Breite zugeordnet. Aus den Mittelwerten des D_{st}-Anteils aller Stürme einer Klasse und einer Stationsgruppe zu bestimmten Sturmzeiten (gemessen vom ssc an) wurde der mittlere Verlauf des D_{st}-Feldes gewonnen. Die einzelnen Gruppen von Stationen geben den Verlauf des D_{st}-Anteils in verschiedenen Breiten wieder. Abbildung 3 zeigt als Beispiel den Verlauf der Horizontalkomponente für starke Stürme, wie er von SUGIURA und CHAPMAN bestimmt wurde. Aus solchen Abbildungen kann die Stärke des D_{st}-Feldes zu einer bestimmten Zeit abgelesen werden und als Funktion der geomagnetischen Breite Θ (oder der Poldistanz ϑ) dargestellt werden.

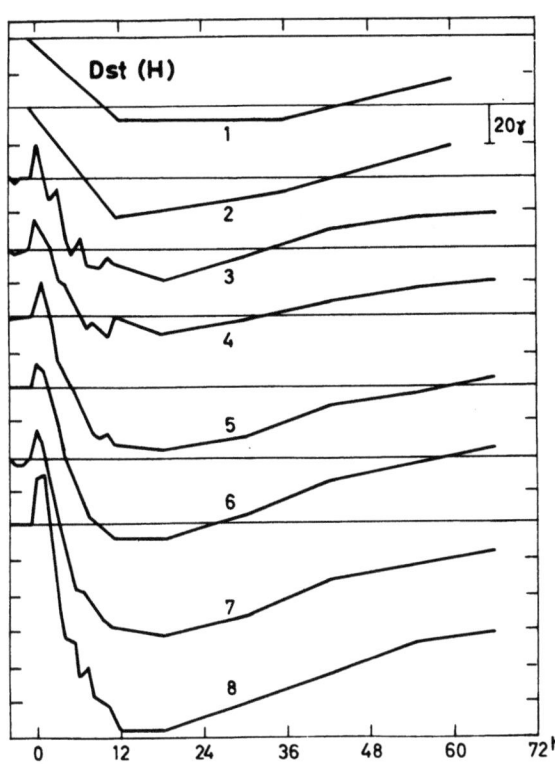

In Abbildung 4 ist die Stärke der Horizontalkomponente D_{st}(H) 30 Stunden nach Sturmbeginn für große und schwache Stürme eingezeichnet. Die beiden Klassen zeigen ähnliche Breitenabhängigkeit von D_{st}(H) mit einem Anstieg vom Pol zum Äquator. Die größten Abweichungen von einer auf den Äquatorwert normierten Sinusfunktion liegen zwischen $\vartheta = 10°$ und $\vartheta = 50°$. Ein sinusförmiger Verlauf der Horizontalkomponente würde zusammen mit einer Vertikalkomponente proportional $\cos \vartheta$ auf ein konstantes D_{st}-Feld führen.

Abb. 3: Der mittlere Verlauf der Horizontal-Komponente des D_{st}-Anteils bei starken magnetischen Stürmen. Die Kurven 1 bis 8 gehören zu verschiedenen geomagnetischen Breiten Θ: 80°, 65°, 58°, 52°, 42°, 28°, 21°, -1°; (nach SUGIURA und CHAPMAN [1960]).

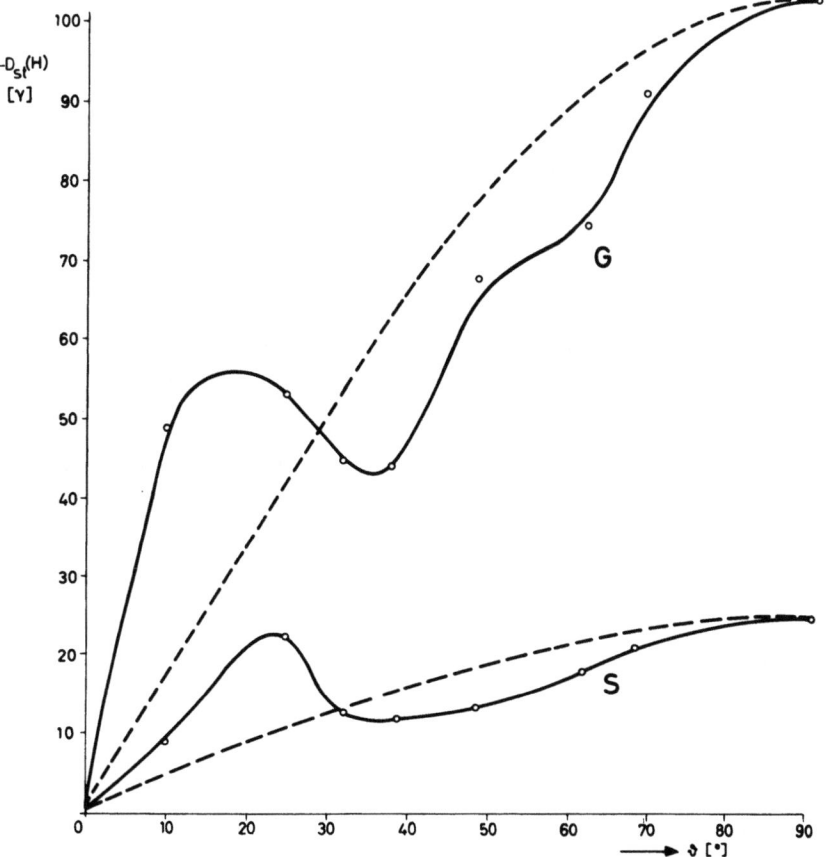

Abb. 4: D_{st}(H) als Funktion von ϑ (geomagnetische Poldistanz) für starke (G) und schwache (S) magnetische Stürme 30 Stunden nach Sturmbeginn. Die auf den Äquatorwert normierten Sinus-Kurven sind gestrichelt eingezeichnet.

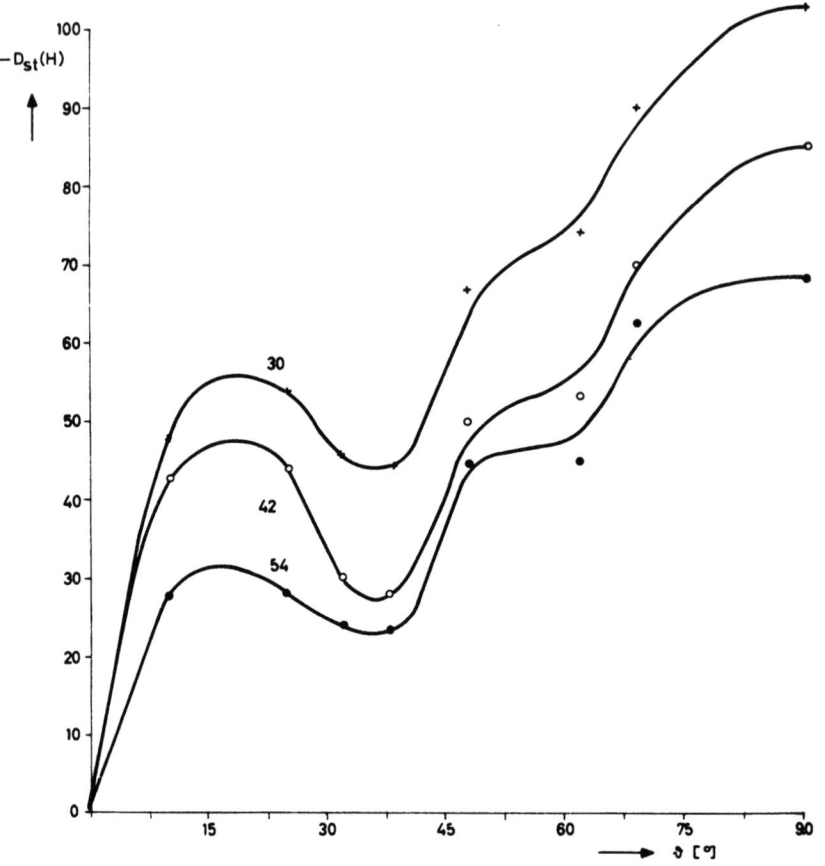

Abb. 5: $D_{st}(H)$ als Funktion der geomagnetischen Poldistanz ϑ für starke Stürme zu verschiedenen Zeiten (30, 42 und 54 Stunden nach Sturmbeginn).

Abbildung 5 zeigt den Verlauf von $D_{st}(H)$ als Funktion von ϑ für starke Stürme zu verschiedenen Sturmzeiten. Die Kurven ändern ihren Charakter kaum; der Betrag von $D_{st}(H)$ nimmt in der Erholungsphase langsam ab. Auch bei schwachen Stürmen ändert sich $D_{st}(H)$ nur wenig, wie aus Abbildung 6 hervorgeht. Hier ist noch einmal $D_{st}(H)$ für starke und schwache Stürme 42 Stunden nach Sturmbeginn eingezeichnet.

Entsprechende Darstellungen können aus den Ergebnissen von SUGIURA und CHAPMAN für $D_{st}(Z, \vartheta)$ gewonnen werden. Abbildung 7 zeigt $D_{st}(Z, \vartheta)$ für starke Stürme 30 Stunden und 42 Stunden nach Sturmbeginn.

Die in den Abbildungen 4 bis 7 eingezeichneten Kurven lassen sich durch Kugelfunktionsentwicklungen annähern. Für $D_{st}(H)$ wird eine Entwicklung nach $P^1_{2n+1}(\cos \vartheta)$ gewählt (n = 0, 1, 2, 3), damit ein Vergleich mit der Horizontalkomponente des Ringstromfeldes nach (3.13) möglich ist. Es sei also der folgende Ansatz gemacht:

$$D_{st}(H, \vartheta) = \sum_{n=0}^{3} h_{2n+1} P^1_{2n+1}(\cos \vartheta) \qquad (4.3)$$

Die Koeffizienten h_{2n+1} sind dann zu berechnen nach

$$h_{2n+1} = \frac{(4n+3) \cdot 2}{2(2n+1)(2n+2)} \int_0^{2\pi} D_{st}(H, \vartheta) P^1_{2n+1}(\cos \vartheta) \sin \vartheta \, d\vartheta \qquad (4.4)$$

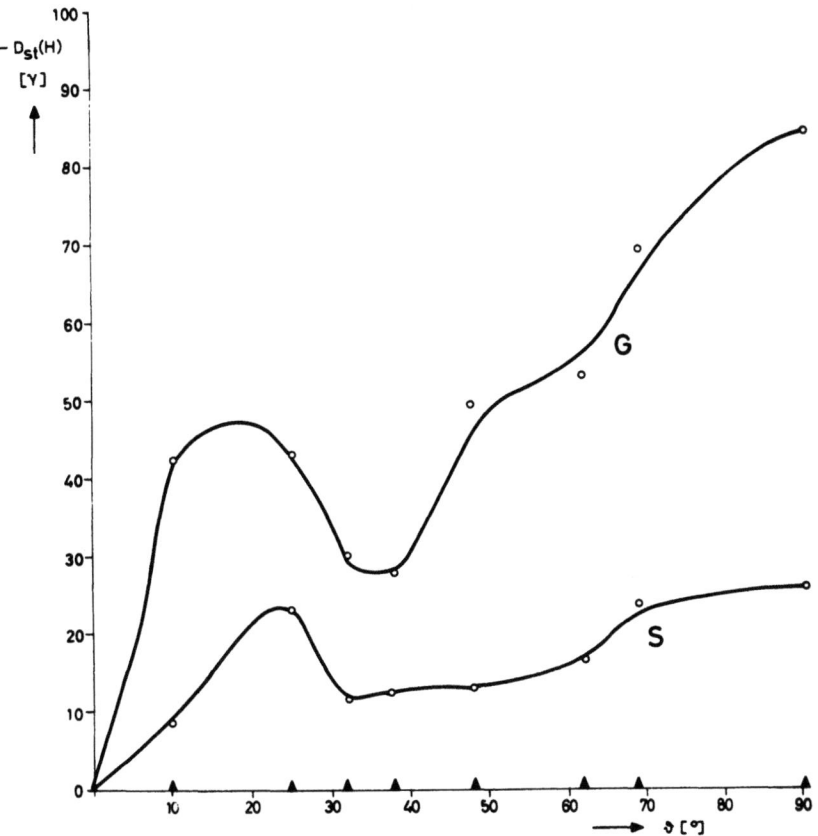

Abb. 6: $D_{st}(H)$ bei starken (G) und schwachen (S) Stürmen 42 Stunden nach Sturmbeginn. Die Pfeile auf der Abzisse geben die Poldistanz der einzelnen Stationsgruppen an.

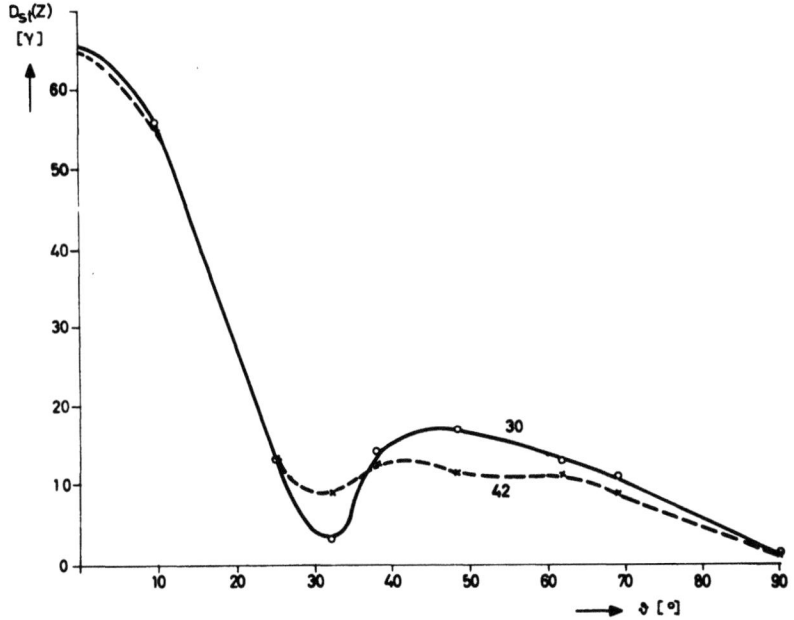

Abb. 7: Die Vertikalkomponente $D_{st}(Z)$ für starke Stürme 30 und 42 Stunden nach Sturmbeginn.

Die darin vorkommenden Integrale können numerisch bestimmt werden, wenn für $D_{st}(H, \vartheta)$ die Beobachtungswerte genommen werden, wie sie z.B. in den Abbildungen 4 bis 6 eingezeichnet sind.

Die Vertikalkomponente $D_{st}(Z, \vartheta)$ muß nach den Kugelfunktionen $P_{2n+1}(\cos\vartheta)$ entwickelt werden, wenn sie mit der Vertikalkomponente des Ringstromfeldes verglichen werden soll. Es sei also

$$D_{st}(Z, \vartheta) \simeq \sum_{n=0}^{3} z_{2n+1} P_{2n+1}(\cos\vartheta) \tag{4.5}$$

Die Koeffizienten z_{2n+1} sind dann zu berechnen nach

$$z_{2n+1} = \frac{(4n+3) \cdot 2}{2} \int_{0}^{\pi/2} D_{st}(Z, \vartheta) P_{2n+1}(\cos\vartheta) \sin\vartheta \, d\vartheta \tag{4.6}$$

Die Integrale werden ebenfalls numerisch mit den beobachteten $D_{st}(Z, \vartheta)$-Werten bestimmt.

Die Rechnung nach den Gleichungen (4.3) bis (4.6) ergibt für das D_{st}-Feld starker Stürme 30 Stunden nach Sturmbeginn folgende Darstellung

$$-D_{st}(H, \vartheta) = 92,5 \, P_1^1(\cos\vartheta) - 1,9 \, P_3^1(\cos\vartheta) + 4,45 \, P_5^1(\cos\vartheta) + 2,8 \, P_7^1(\cos\vartheta) \; [\gamma]$$

$$D_{st}(Z, \vartheta) = 25,0 \, P_1(\cos\vartheta) + 2,7 \, P_3(\cos\vartheta) + 17,0 \, P_5(\cos\vartheta) + 18,8 \, P_7(\cos\vartheta) \; [\gamma] \tag{4.7a}$$

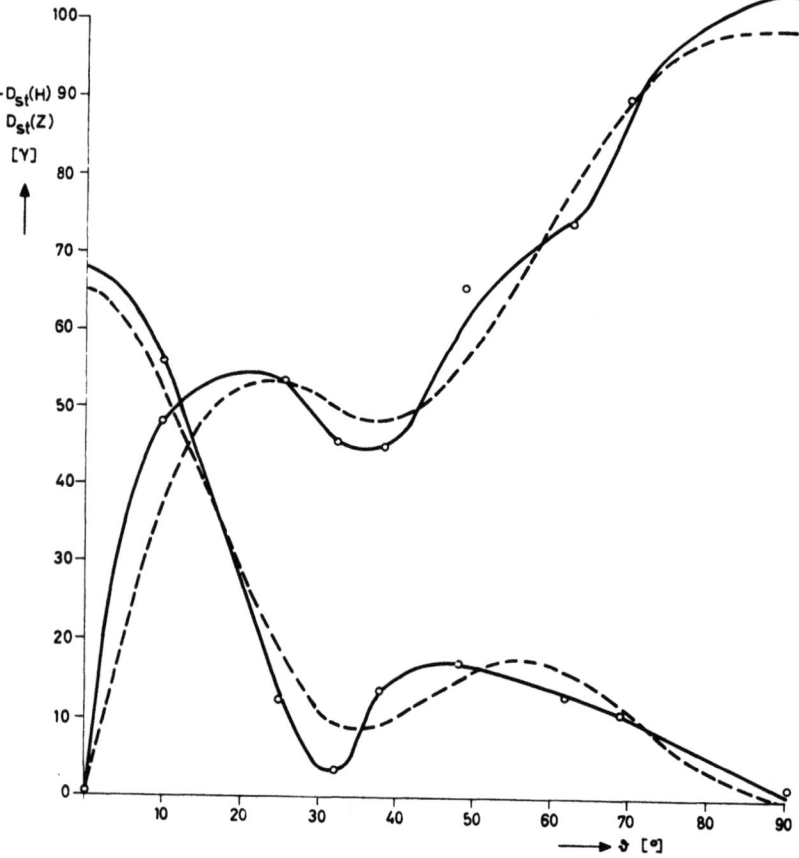

Das Minuszeichen von $D_{st}(H, \vartheta)$ soll deutlich machen, daß eine negative Horizontalkomponente des D_{st}-Feldes vorhanden ist. In Abbildung 8 sind die Entwicklungen (4.7a) zusammen mit den Ausgangskurven eingezeichnet. Die Beobachtungen werden durch eine Entwicklung mit vier Koeffizienten annähernd wiedergegeben. Eine genauere Analyse mit zusätzlichen Koeffizienten erscheint nicht notwendig, denn sie würde eine Genauigkeit vortäuschen, die im Beobachtungsmaterial schon wegen der zugrunde liegenden statistischen Behandlung nicht vorhanden ist.

Abb. 8: $D_{st}(H)$ und $D_{st}(Z)$ für starke Stürme 30 Stunden nach Sturmbeginn. Die zugehörigen Kugelfunktionsentwicklungen mit vier Koeffizienten (Gleichung (4.7a)) sind gestrichelt eingezeichnet.

Das gesamte an der Erdoberfläche beobachtete D_{st}-Feld wird nicht von elektrischen Strömen außerhalb der Erde herrühren; vielmehr wird ein Teil des Feldes auf Ströme, die durch die äußere Störung im Erdinnern induziert werden, zurückzuführen sein. Die Darstellung des D_{st}-Feldes in (4.7a) ermöglicht eine Trennung von äußerem und innerem Anteil. Dazu werden die Horizontal- und Vertikal-Komponenten umgeschrieben in r- und ϑ-Komponenten

$$D_\vartheta = - D_{st}(H) = \sum_{n=1,3}^{7} d_{\vartheta n} P_n^1 (\cos \vartheta)$$

$$D_r = - D_{st}(Z) = \sum_{n=1,3}^{7} d_{rn} P_n (\cos \vartheta)$$

(4.7b)

Die hier benutzten Kugelfunktionen sind nicht normiert; es gilt die Orthogonalitätsbeziehung (3.6). Um den Einfluß der höheren Glieder in der Entwicklung deutlicher herauszustellen, sollen die Komponenten D_r und D_ϑ noch mit den nach Schmidt normierten Kugelfunktionen $\tilde{P}_n^m (\cos \vartheta)$ dargestellt werden. Es ist

$$\tilde{P}_n^m (\cos \vartheta) = \epsilon_n^m P_n^m (\cos \vartheta)$$

mit

$$\epsilon_n^m = \left((2 - \delta_{0m}) \frac{(n-m)!}{(n+m)!}\right)^{1/2}, \quad \epsilon_n^0 = 1$$

Die Anwendung der $\tilde{P}_n^m$ ergibt folgende Entwicklung für D_ϑ und D_r:

$$D_\vartheta = 92,5 \, \tilde{P}_1^1 - 4,7 \, \tilde{P}_3^1 + 17,3 \, \tilde{P}_5^1 + 14,8 \, \tilde{P}_7^1$$

$$D_r = - 25 \, \tilde{P}_1 - 2,7 \, \tilde{P}_3 - 17,0 \, \tilde{P}_5 - 18,8 \, \tilde{P}_7$$

(4.7c)

Das Magnetfeld **D** werde dargestellt durch den Gradienten eines Potentials V. An der Erdoberfläche (bei r = a) wird dann

$$D_r(a) = - \left(\frac{\partial V}{\partial r}\right)_{r=a}$$

(4.8)

$$D_\vartheta(a) = - \left(\frac{1}{r} \frac{\partial V}{\partial \vartheta}\right)_{r=a}$$

(4.9)

Für das Potential V kann folgender Ansatz gemacht werden:

$$V = a \sum_{n=0}^{\infty} \left[\left(\frac{r}{a}\right)^n V_{en} + \left(\frac{a}{r}\right)^{n+1} V_{in} \right]$$

(4.10)

Dabei sind die Teilpotentiale V_{in} für den von innen stammenden Anteil und V_{en} für den von außen stammenden Anteil wieder durch Kugelfunktionen zu beschreiben:

$$V_{en} = C_{en} P_n, \quad V_{in} = C_{in} P_n$$

(4.11a,b)

Durch diese Darstellung des Potentials ergibt sich für D_r und D_ϑ nach (4.8) und (4.9) und mit $dP_n/d\vartheta = -P_n^1$:

$$D_\vartheta (a) = \sum_{n=0}^{\infty} (C_n + C_{1n}) P_n^1$$

$$D_r (a) = \sum_{n=0}^{\infty} (-n C_n + (n+1) C_{in}) P_n \qquad (4.12)$$

Ein Vergleich der Koeffizienten von (4.7b) und (4.12) ergibt $d_{\vartheta n} = C_{en} + C_{in}$ und $d_{rn} = -n C_{en} + (n+1) C_{in}$, und für C_{en} und C_{in} erhält man

$$C_{in} = \frac{d_{rn} + n \, d_{\vartheta n}}{2n+1} \quad , \quad C_{en} = \frac{(n+1) d_{\vartheta n} - d_{rn}}{2n+1} \qquad (4.13a,b)$$

Die folgende Tabelle 1 enthält die Koeffizienten d_{rn} und $d_{\vartheta n}$ aus der Analyse des Beobachtungsmaterials sowie die nach (4.13a, b) berechneten Koeffizienten für den äußeren und inneren Anteil des D_{st}-Feldes. Da die Koeffizienten $d_{\vartheta 3}$ und d_{r3} im Vergleich zu den übrigen d_{rn} und $d_{\vartheta n}$ sehr klein sind, kann ihnen sowie auch den C_{i3} und C_{e3} keine wesentliche Bedeutung zugemessen werden.

n	d_{rn}	$d_{\vartheta n}$	C_{in}	C_{en}
1	-25,0	92,5	22,5	70,0
3	-2,7	-1,9	-1,2	-0,7
5	-17,0	4,45	0,48	3,97
7	-18,8	2,8	0,06	2,7

Tabelle 1:
Koeffizienten der Kugelfunktionsentwicklung des D_{st}-Anteils bei starken Stürmen (d_{rn}, $d_{\vartheta n}$) und die Koeffizienten für die Trennung in inneren und äußeren Anteil (C_{en}, C_{in}). Tabellenwerte in γ.

Hiernach läßt sich für den äußeren Anteil des Störfeldes starker Stürme 30 Stunden nach Sturmbeginn schreiben

$$D_{\vartheta e}(a) = 70 \, P_1^1 - 0,7 \, P_3^1 + 4,0 \, P_5^1 + 2,7 \, P_7^1 \; [\gamma] \qquad (4.14a)$$

$$D_{re}(a) = 70 \, P_1 + 2,1 \, P_3 - 20 \, P_5 - 19 \, P_7 \; [\gamma] \qquad (4.15)$$

Mit den nach Schmidt normierten Kugelfunktionen $\tilde{P}_n^m$ wird

$$D_{\vartheta e} = 70 \, \tilde{P}_1^1 - 1,7 \, \tilde{P}_5^1 + 15,5 \, \tilde{P}_5^1 + 14,3 \, \tilde{P}_7^1 \qquad (4.14b)$$

Bei $D_{re}(a)$ bleiben die Koeffizienten von (4.15) erhalten.

Es zeigt sich also nach dieser Analyse, daß etwa ein Viertel der beobachteten Horizontalkomponente des Störfeldes D_{st} von Strömen im Erdinnern verursacht wird. Bei der Vertikalkomponente ist der innere Anteil wesentlich größer; hier ist er dem äußeren Anteil entgegengerichtet.

In erster Näherung ergibt der äußere Anteil ein homogenes Magnetfeld: $D_{e1} = 70 \, \gamma$ für starke Stürme 30 Stunden nach dem ssc. Im Verlauf der Stürme ändert sich dieser Betrag von D_{e1}; er wächst am

Anfang des Sturmes, erreicht das Maximum nach etwa 15 Stunden und nimmt während der Erholungsphase langsam ab. In dem sich zeitlich ändernden homogenen Magnetfeld D_{e1} befindet sich die Erde. Es werde angenommen, sie sei bis zum Radius R_g eine ideal leitende Kugel mit einer idealen Leitfähigkeit σ, für die also $1/(2\pi\sigma\omega)^{1/2} \ll a$ ist; ω sei die Frequenz des äußeren Feldes. Die im Innern der Kugel mit dem Radius R_g induzierten Ströme geben einen Beitrag zum gesamten Magnetfeld D_1 außerhalb der Kugel. Dessen Potential $\Delta\Psi$ ist (siehe z. B. RIKITAKE [1966], Kapitel 9)

$$\Delta\Psi(r,\vartheta) = D_{e1}\left(r + \frac{R_g^3}{2r^2}\right)\cos\vartheta \qquad (4.16)$$

Mit $D_1(r,\vartheta) = -\text{grad }\Delta\Psi$ sind die Komponenten des Feldes D_1 an der Erdoberfläche zu berechnen:

$$\begin{aligned}D_{r1}(a) &= -D_{e1}\left(1 - \frac{R_g^3}{a^3}\right)\cos\vartheta \\ D_{\vartheta 1}(a) &= D_{e1}\left(1 + \frac{R_g^3}{2a^3}\right)\sin\vartheta\end{aligned} \qquad (4.17)$$

Ein Vergleich der ersten Koeffizienten von (4.7b) mit denen von (4.14a) und (4.15) ergibt

$$\begin{aligned}D_{r1}(a) &= -D_{e1}\ 0,357\ \cos\vartheta \\ D_{\vartheta 1}(a) &= D_{e1}\ 1,32\ \sin\vartheta\end{aligned} \qquad (4.18)$$

Aus (4.17) und (4.18) läßt sich in dem angenommenen Modell der Radius R_g bestimmen, bis zu dem ideale Leitfähigkeit angenommen werden kann. Die r- und ϑ-Komponenten führen zum gleichen Ergebnis

$$R_g = 0,86\ a \qquad (4.19)$$

R_g entspricht einer von der Erdoberfläche an gemessenen Tiefe τ von etwa 900 km. Dieses Ergebnis stimmt gut mit anderen Untersuchungen (z.B. ECKHARDT, LARNER, MADDEN [14]) überein, nach denen die Leitfähigkeit der Erde in einer Tiefe τ von etwa 900 km sehr stark (ungefähr um einen Faktor 10^4) zunimmt. Die bei ECKHARDT angegebenen Leitfähigkeitsprofile ergeben Werte σ(τ) mit $1/(2\pi\omega\sigma(\tau))^{1/2} \ll a$ nur für τ > 1000 km bei einer Sturmperiode von 3 Tagen. In Tiefen τ < 800 km ist die Leitfähigkeit so gering, daß der Wert von $1/(2\pi\omega\sigma(\tau))^{1/2}$ nicht mehr gegen den Erdradius a zu vernachlässigen ist, also keine ideale Leitfähigkeit für τ < 800 km angenommen werden kann. Bis zu einer Tiefe von 800 km kann die Erde für Störungen mit einer Periode von 3 Tagen nicht als Isolator angesehen werden, wie im Modell angenommen wurde. Deshalb ist das Ergebnis (4.19) nur als grobe Abschätzung für R_g anzusehen.

Das D_{st}-Feld mittlerer und schwacher Stürme kann, wie der D_{st}-Anteil starker Stürme für bestimmte Sturmzeiten ebenfalls nach Kugelfunktionen entwickelt und in inneren und äußeren Anteil zerlegt werden. Solche Rechnungen ergeben ganz ähnliche Ergebnisse, wie sie für starke Stürme erhalten wurden. Eine Analyse der mittleren Stürme ergab für die Horizontalkomponente im Maximum der Hauptphase

$$-D_{st}(H) = 52\ P_1^1 - 0,5\ P_3^1 + 2,7\ P_5^1 + 1,6\ P_7^1\ [\gamma]$$

Multiplikation aller Koeffizienten mit einem Faktor 1,9 ergibt eine Entwicklung, die ziemlich genau mit der für starke Stürme in (4.7a) übereinstimmt; das D_{st}-Feld mittlerer Stürme unterscheidet sich also von dem starker Stürme im wesentlichen durch einen konstanten Amplitudenfaktor. Auch das D_{st}-Feld schwacher Stürme unterscheidet sich nur durch einen Faktor von dem starker Stürme. Das Verhältnis der Koeffizienten einer Entwicklung (z.B. $d_{\vartheta_1}/d_{\vartheta_3}$ oder $d_{\vartheta_1}/d_{\vartheta_5}$ in (4.7b)) bleibt für die drei Klassen von Stürmen während der Hauptphase und Erholungsphase fast gleich. Insbesondere zeigt sich in den Entwicklungen für die H-Komponente, daß immer die Koeffizienten d_{ϑ_3} sehr klein sind, während d_{ϑ_5} und d_{ϑ_7} wesentlich größer als d_{ϑ_3} werden. Auch die Trennung von äußerem und innerem Anteil des D_{st}-Feldes liefert bei mittleren Stürmen ähnliche Ergebnisse wie sie für starke Stürme angegeben sind. Bei schwachen Stürmen ist der Betrag der Z-Komponente so gering und unregelmäßig, daß hier eine Trennung nicht sinnvoll erscheint.

Für Vergleiche mit den Modellrechnungen des Magnetfeldes des magnetosphärischen Ringstromes im nächsten Abschnitt soll als repräsentatives Störfeld der äußere Anteil des D_{st}-Feldes in (4.14a) und (4.15) angenommen werden. Der D_{st}-Anteil der Horizontalkomponente mittlerer und schwacher Stürme kann näherungsweise durch Multiplikation aller Koeffizienten in (4.14a) und (4.15) mit einem konstanten Faktor erhalten werden. Dieser Faktor liegt für mittlere Stürme bei etwa 0,6 und für schwache Stürme bei etwa 0,25. Die Faktoren gelten allerdings nur im Maximum der Hauptphase; sie ändern sich im Verlauf der Erholungsphase, da die drei Klassen von Stürmen unterschiedliche Abklingzeiten des D_{st}-Feldes aufweisen.

5. Modellrechnungen für das Ringstrommagnetfeld. Vergleich mit dem beobachteten D_{st} - Feld

Das Magnetfeld des Ringstromes an der Erdoberfläche ist nach (3.13) und (3.15) zu bestimmen. Zur Berechnung der vorkommenden Integrale wird die Stromdichte j_φ nach (2.39) benötigt. Sie ist abhängig von der Energiedichteverteilung des Plasmas in der Äquatorebene und von der Verteilung der Neigungswinkel des Geschwindigkeitsvektors der Teilchen gegen das Magnetfeld. Aus Messungen mit Satelliten sind einige Einzelheiten über die Verteilung energiereicher Protonen und Elektronen in der Magnetosphäre bekannt. Mit Explorer 12 wurde zum Beispiel ein Protonengürtel entdeckt, dessen einzelne Teilchen Energien zwischen 150 keV und 4,5 MeV haben. Das Maximum der Energiedichte von etwa 500 keV/cm^3 liegt bei diesem Gürtel zwischen 3,5 und 4 Erdradien geozentrischer Entfernung. Der Gürtel existiert auch zu magnetisch ruhigen Zeiten. Nach Rechnungen von AKASOFU, CAIN und CHAPMAN [1962] verursachen die Bewegungen der Protonen ein Magnetfeld, das an der Erdoberfläche am Äquator einen Betrag von 38 γ hat, und dem magnetischen Hauptfeld entgegengerichtet ist. In 3,5 bis 4,5 Erdradien Entfernung verursacht der Protonengürtel ein Magnetfeld von etwa -70γ und bei 7 bis 8 Erdradien von etwa $+20\gamma$.

DOLGINOV, YEROSCHENKO und ZKUZGOV [1966] führten mit dem Satelliten Electron 2 Magnetfeldmessungen in der äußeren Magnetosphäre durch. Diese Messungen verglichen sie mit dem Hauptfeld, das aus den Gaußschen Koeffizienten bis zur sechsten Ordnung berechnet wurde. Die von den Autoren mit ΔT bezeichnete Differenz zwischen den Beträgen des gemessenen und berechneten Feldes war bei 3 bis 5 Erdradien immer negativ. Den größten Betrag hatte ΔT bei 3a; es erreichte Werte von 100γ bis 150γ an magnetisch ruhigen Tagen; unterhalb von 3a wurde nicht gemessen. Zwischen 3a und 5a steigt ΔT an und erreicht den Nullpunkt bei Entfernungen zwischen 5a und 6a. Zwischen 6,5a und 10a war ΔT stets positiv und hatte Beträge von etwa 50γ. Diese Messungen geben zwar qualitativ den Verlauf des vom Protonengürtel verursachten Störfeldes wieder, die Abweichungen sind jedoch um einen Faktor 2 größer als sie nach den Rechnungen von AKASOFU und CHAPMAN sein sollten.

Magnetfeldmessungen von HEPPNER, NESS, SCEARCE und SKILLMAN [1963] ergaben ebenfalls Abweichungen von dem aus den Gaußschen Koeffizienten berechneten Magnetfeldstärken. Diese Abweichungen haben in verschiedenen geozentrischen Abständen das gleiche Vorzeichen wie das vom Protonengürtel verursachte Störfeld, die Beträge waren aber im Gegensatz zu den Messungen von DOLGINOV besonders im Gebiet zwischen 3 a und 5 a wesentlich kleiner.

Die Unterschiede in den beiden genannten Magnetfeldmessungen können ihre Ursache darin haben, daß zu verschiedenen Tageszeiten und bei verschiedener Sonnenaktivität gemessen wurde, und deshalb der Protonengürtel nicht die gleiche Intensität hatte. Es kann aber auch daran liegen, daß unterschiedliche Methoden zur Berechnung des theoretisch zu erwartenden Magnetfeldes benutzt wurden.

Über Messungen der Energiedichte von Protonen mit Energien zwischen 300 eV und 50 keV während eines schwachen und eines mittleren magnetischen Sturmes berichtet FRANCK [1967]. Seine Messungen zeigen eine starke Erhöhung der Energiedichte der Protonen während des Sturmes. Die maximalen Energiedichten traten bei 3,3 a (mittlerer Sturm) bzw. 4,5 a (schwacher Sturm) auf.

Ein zur Berechnung des Ringstrommagnetfeldes ausreichendes Beobachtungsmaterial über die Energiedichteverteilung von Protonen und Elektronen und über das Energiespektrum während magnetischer Stürme existiert noch nicht. Deshalb sollen hier zunächst Modelle angenommen werden und die daraus berechneten Magnetfelder an der Erdoberfläche mit den in Abschnitt 4 behandelten Beobachtungsergebnissen verglichen werden.

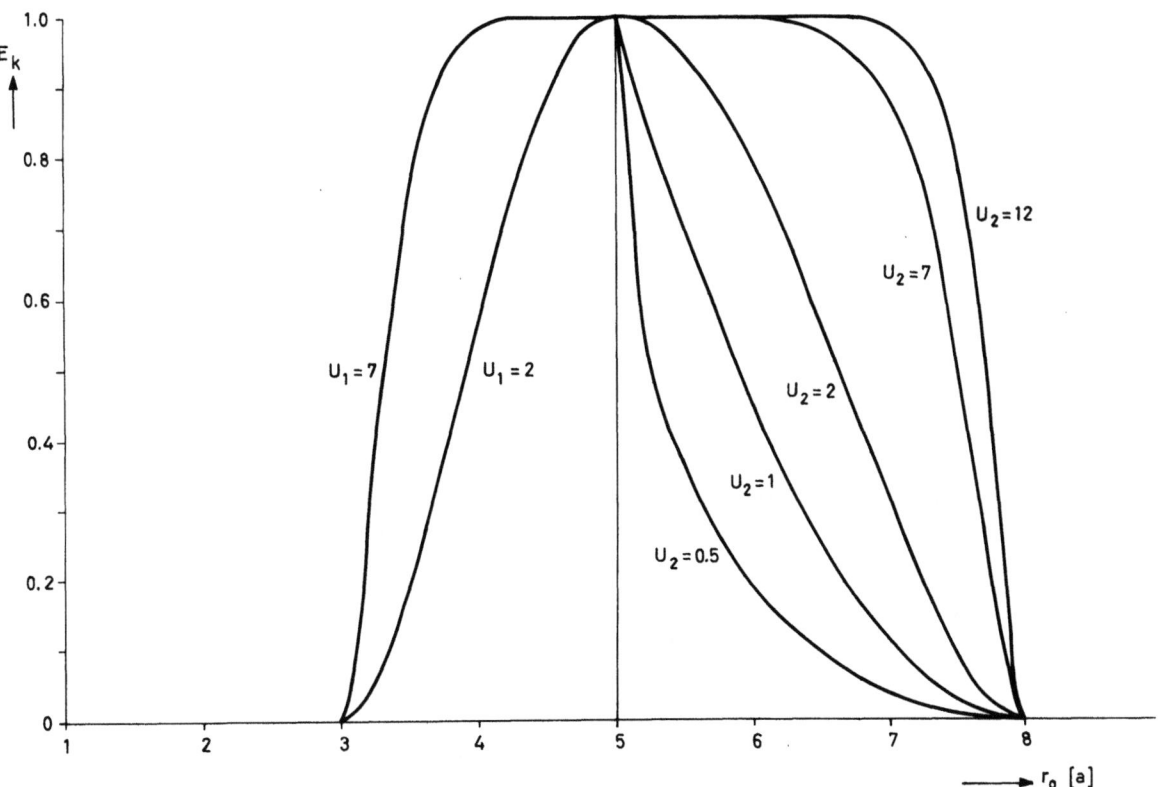

Abb. 9: Einige auf den Maximalwert 1 normierte Energiedichteprofile nach (5.1). Die Parameter u_1 und u_2 bestimmen die Steilhiet des Anstiegs bzw. Abfalls der Energiedichte.

Das Modell der Energiedichteverteilung in der Äquatorebene soll durch die folgende Funktion dargestellt werden:

$$E_k = E_{k0} \left[1 - \left(\frac{r_0 - r_{0m}}{r_{01} - r_{0m}} \right)^{u_1} \right]^2 \quad \text{für } r_0 \leqq r_{0m}$$

$$E_k = E_{k0} \left[1 - \left(\frac{r_0 - r_{0m}}{r_{02} - r_{0m}} \right)^{u_2} \right]^2 \quad \text{für } r_0 \geqq r_{0m} \quad (5.1)$$

$$E_k = 0 \quad \text{für } r_0 > r_{02} \quad \text{und} \quad r_0 < r_{01}$$

Die Energiedichte als Funktion des Äquatorabstandes r_0 ist hiernach proportional zur maximalen Energiedichte E_{k0} bei $r_0 = r_{0m}$. E_k ist gleich null für $r_0 = r_{01}$ am unteren Rand des Gebietes und für $r_0 = r_{02}$ am äußeren Rand des Gürtels. Die Zahlen u_1 und u_2 sind Parameter, mit denen die Steilheit des Anstiegs bzw. Abfalls der Energiedichte vorgegeben werden kann. Abbildung 9 zeigt einige Profile mit $r_{0m} = 5a$, $r_{01} = 3a$ und $r_{02} = 8a$.

In Gleichung (2.39a) wird das Energiedichteprofil (5.1) eingesetzt; ferner wird $F(r_0)/F(r_0, \vartheta)$ ersetzt durch

$$\frac{F(r_0)}{F(r_0, \vartheta)} = \frac{\sin^6 \vartheta}{(1 + 3 \cos^2 \vartheta)^{1/2}} \quad (5.2)$$

Das ergibt für die Stromdichte j_φ

$$j_\varphi = -\frac{c}{F} E_{k0} \left\{ \frac{\gamma+1}{\gamma+2} \frac{\partial}{\partial s_2} \left[1 - \left(\frac{r_0 - r_{0m}}{r_{01} - r_{0m}} \right)^{u_1} \right]^2 \left(\frac{\sin^6 \vartheta}{(1+3 \cos^2 \vartheta)^{1/2}} \right)^{(\gamma-1)/2} + \right.$$

$$\left. + \frac{1-\gamma}{\gamma+2} \varkappa \left[1 - \left(\frac{r_0 - r_{0m}}{r_{01} - r_{0m}} \right)^{u_1} \right]^2 \left(\frac{\sin^6 \vartheta}{(1+3 \cos^2 \vartheta)^{1/2}} \right)^{(\gamma-1)/2} \right\} \quad (5.3)$$

Diese Gleichung gilt nur im unteren Teil des Stromgürtels für $r_0 < r_{0m}$; im äußeren Teil gilt eine entsprechende Gleichung, in der an Stelle von r_{01} und u_1 die Größen r_{02} und u_2 zu setzen sind. Die Richtungsdifferentiation wird gemäß (A 1.16b) ausgeführt und F nach (A 1.14) sowie $\varkappa$ nach (A 1.18) ersetzt. Nach einigen weiteren Umformungen, die nicht einzeln hingeschrieben werden sollen, wird schließlich

$$j_\varphi = -\frac{c}{M} E_{k0} \left\{ \frac{2(\gamma+1)}{\gamma+2} \left[1 - \left(\frac{r_0 - r_{0m}}{r_{01} - r_{0m}} \right)^{u_1} \right] \frac{(r_0 - r_{0m}) u_1}{(r_{01} - r_{0m})^2} r_0^2 \frac{\sin^3 \vartheta}{(1+3 \cos^2 \vartheta)^{(\gamma-1)/4}} + \right.$$

$$\left. + \left[1 - \left(\frac{r_0 - r_{0m}}{r_{01} - r_{0m}} \right)^{u_1} \right]^2 \frac{(\gamma-1) \cdot 3 r_0^2 \sin^3 \vartheta (6 \cos^4 \vartheta + 3 \cos^2 \vartheta - 1 + 3 \cos^2 \vartheta + 5 \cos^4 \vartheta)}{(\gamma+2) \cdot (1+3 \cos^2 \vartheta)^{(\gamma-1)/4+2}} \right\} \quad (5.4)$$

Dieser Ausdruck beschreibt die Stromdichte als Funktion von r_0 und ϑ im Gebiet $r_{01} < r_0 < r_{0m}$. Sie ist proportional zur maximalen Energiedichte E_{k0}. Für das Gebiet $r_{0m} < r_0 < r_{02}$ müssen die Parameter r_{01} und u_1 durch r_{02} und u_2 ersetzt werden. Die Verteilung der Neigungswinkel der Partikel wird durch die Zahl γ festgelegt. Gleichung (5.4) enthält die Annahme, daß im ganzen Stromgebiet die Neigungswinkelverteilung gleich ist. Der Ausdruck für j_φ wird komplizierter, wenn z.B. die Zahl γ als Funktion von r_0 angenommen wird.

An der Erdoberfläche verursacht der Strom j_φ ein Magnetfeld, dessen Horizontal- und Vertikal-Komponenten nach (3.19) und (3.15) bestimmt werden können.

$$\Delta F_\vartheta(a, \vartheta) = - \frac{2\pi}{c} \sum_{n=1,3}^{\infty} \frac{1}{n} a^{n-1} P_n^1(\cos\vartheta) \int_{a_1}^{b} \int_{0}^{\pi} \frac{j_\varphi}{r'^{n-1}} P_n^1(\cos\vartheta') \sin\vartheta' dr' d\vartheta' \qquad (5.5)$$

$$\Delta F_r(a, \vartheta) = \frac{2\pi}{c} \sum_{n=1,3}^{\infty} a^{n-1} P_n(\cos\vartheta) \int_{a_1}^{b} \int_{0}^{\pi} \frac{j_\varphi}{r'^{n-1}} P_n^1(\cos\vartheta) \sin\vartheta' dr' d\vartheta' \qquad (5.6)$$

Die Integrationsgrenzen a_1 und b sind in Abbildung 2 dargestellt. Das Gebiet des Stroms j_φ wird begrenzt durch zwei Feldlinien des Dipolfeldes mit den Äquatorabständen r_{01} und r_{02}. Es ist deshalb sinnvoll, die Integrationsvariable r' durch r_0' zu ersetzen. Mit $r' = r_0' \sin^2\vartheta'$ wird aus den Integralen in (5.5) und (5.6)

$$2 I_n = 2 \int_{r_{01}}^{r_{02}} \int_{0}^{\pi/2} j_\varphi P_n^1(\cos\vartheta') \frac{\sin\vartheta'}{(r_0' \sin^2\vartheta')^{n-1}} dr_0' d\vartheta' \qquad (5.7)$$

Dabei braucht wegen der Symmetrie der Integranden bezüglich $\vartheta = \pi/2$ nur von 0 bis $\pi/2$ integriert zu werden. Die Integrale bestehen aus zwei Anteilen: einem Teil, der durch Integration von r_{01} bis r_{0m} entsteht, wobei in j_φ die Parameter r_{01} und u_1 stehen und einem Teil durch Integration von r_{0m} bis r_{02}, wobei in j_φ die Parameter r_{02} und u_2 einzusetzen sind. Wird j_φ nach (5.4) in (5.7) eingesetzt, dann ergeben sich recht komplizierte Integranden. Die Integrale lassen sich zwar für einzelne Werte von γ (z.B. für $\gamma = 3$) noch analytisch ausdrücken, jedoch werden die Ergebnisse nach mehrfacher Anwendung von Rekursionsformeln so lang, daß sie noch unübersichtlicher sind als die Integrale selbst. Der Einfluß der einzelnen Parameter des Energiedichtemodells auf die Magnetfeldstärke an der Erdoberfläche ist deshalb nicht ohne weiteres zu übersehen.

In den Integralen (5.7) seien die Äquatorabstände r_0' in Erdradien $a = 6370$ km gemessen, und j_φ sei nach (5.4) eingesetzt. Die Komponenten ΔF_ϑ und ΔF_r lassen sich dann mit den I_n nach (5.7) abgekürzt schreiben:

$$\Delta F_\vartheta = 4\pi \frac{E_{k0} a^3}{M} \sum_{n=1,3}^{\infty} P_n^1(\cos\vartheta) \frac{1}{n} I_n(r_{01}, r_{0m}, r_{02}, a_1, u_1, u_2, \gamma) \qquad (5.8)$$

$$\Delta F_r = 4\pi \frac{E_{k0} a^3}{M} \sum_{n=1,3}^{\infty} P_n(\cos\vartheta) \, I_n(r_{01}, r_{0m}, r_{02}, a_1, u_1, u_2, \gamma) \qquad (5.9)$$

5.

Sämtliche Koeffizienten dieser Entwicklungen sind also proportional zur maximalen Energiedichte E_{k0} des Modells. Der Faktor a^3 entsteht dadurch, daß alle Längen in Erdradien gemessen werden. Die Feldstärke ergibt sich in der Einheit Gauß. Die bestimmten Integrale I_n sind von den Modellparametern abhängig; sie können mit einer elektronischen Rechenmaschine berechnet werden.

Es sollten nun für möglichst viele verschiedene Modelle (Parameter) die Integrale I_n bestimmt werden. Die daraus erhaltenen Koeffizienten der Kugelfunktionsentwicklungen (5.8) und (5.9) können mit den Koeffizienten in (4.14a) und (4.15) verglichen werden. Auf diese Weise sollte es möglich sein, einzelne Modelle der Energiedichteverteilung zu bestimmen, die das an der Erdoberfläche beobachtete Störfeld verursachen können. Durch den Druckgradienten des magnetosphärischen Plasmas entstehen auch zu magnetisch ruhigen Zeiten elektrische Ströme, die ein dem Erdmagnetfeld überlagertes magnetisches Störfeld verursachen. Vergleiche von Modellrechnungen mit dem beobachteten Störfeld während der Hauptphase erdmagnetischer Stürme können deshalb nur über das bei magnetischen Stürmen zusätzlich auftretende Plasma und die zusätzliche Energiedichte Auskunft geben.

Die Größe der Koeffizienten in (5.8) und (5.9) kann durch die Wahl von E_{k0} dem Beobachtungsergebnis angepaßt werden. Wichtiger für die Auswahl eines Modells ist es, daß die einzelnen I_n im richtigen Verhältnis stehen. Nach (4.14a) sollte ein Modell, das die Beobachtung wiedergibt, auf Integrale I_n führen, die der folgenden Bedingung genügen:

$$(I_1) : (\tfrac{1}{3} I_3) : (\tfrac{1}{5} I_5) : (\tfrac{1}{7} I_7) \approx 70 : (-0,7) : 4,0 : 2,7 \qquad (5.10)$$

Die numerischen Rechnungen zur Bestimmung der I_n wurden auf der Rechenanlage IBM 7040 im Rechenzentrum Göttingen durchgeführt. Die ersten Ergebnisse mit einzelnen vernünftig erscheinenden Parametern ($r_{0m}, r_{01}, r_{02}, a_1, u_1, u_2, \gamma$) zeigten, daß die gewünschten Verhältnisse der einzelnen I_n nicht so leicht zu erhalten waren. Daraufhin wurden ausführliche Rechnungen mit der Variation aller Parameter durchgeführt. In der Tabelle 2 sind die Grenzen und Schrittweiten, in denen die Parameter geändert wurden, angegeben.

Parameter	von	bis	Schrittweite	außerdem
r_{0m} [a]	1,4	7,0	0,4	1,3 ; 1,6
r_{01} "	1,2	$r_{0m} - 0,2$	0,2	
r_{02} "	$r_{0m} + 0,2$	$r_{0m} + 5$ ($r_{0m} < 5$) $r_{0m} + 3$ ($r_{0m} > 5$)	0,2	
a_1 "	1,05	1,3	0,05	
u_1, u_2	0,2 0,5 1,0 2,0 4,0 8,0 12,0			
γ	0,2 0,5 0,6 0,8 1,2 1,5 2,0 3,0			

Tabelle 2: Grenzen, in denen die Parameter der Modellrechnungen variiert wurden (Energiedichteprofile nach (5.1)); für u_1, u_2 und γ enthält die Tabelle die Zahlen mit denen gerechnet wurde.

Bei den Rechnungen stellte sich heraus, daß der Einfluß einiger Parameter auf die Ergebnisse nur sehr gering ist: Die Variation des Radius a_1, der die untere Grenze des Integrationsgebietes angibt (siehe Abb. 2, S.15), änderte die Ergebnisse nur wenig; der Grund dafür ist in der sehr geringen Ringstromdichte im erdnächsten Gebiet zwischen den beiden Begrenzungsfeldlinien zu sehen. Ferner konnte die Steilheit des Anstiegs bzw. des Abfalls der Energiedichte nicht nur durch u_1 und u_2 vorgegeben werden, sondern auch durch die Wahl von r_{01}, r_{0m} und r_{02}: Modelle mit steilem Anstieg und Abfall (z.B $u_1 = u_2 = 0,2$) und $r_{01} = r_{0m} - 4$, $r_{02} = r_{0m} + 4$ sind ähnlich den entsprechenden Modellen mit mittlerem Anstieg und Abfall ($u_1 = u_2 = 2,0$) und $r_{01} = r_{0m} - 0,4$, $r_{02} = r_{0m} + 0,4$. Aus diesen Gründen brauchten nicht alle Kombinationen der Parameter, die nach Tabelle 2 möglich sind, behandelt zu werden.

Die Rechnungen, deren einzelne Ergebnisse wiederzugeben sich erübrigt, zeigten: Keine der durch Variation der Parameter möglichen Energiedichte- und Neigungswinkel-Verteilung für das magnetosphärische Plasma ergibt auch nur annähernd die in (5.10) geforderten Verhältnisse der I_n. Bei den meisten Modellen ist I_1 im Verhältnis zu den übrigen I_n viel größer als es nach (5.10) verlangt wird. Viele Modelle führen zwar auf ein Verhältnis $I_1 : (\frac{1}{3} I_3) = 100 : (-1)$; aber in diesen Modellen sind die Integrale I_5 und I_7 mindestens um einen Faktor 10 kleiner als gewünscht, zudem meist noch mit einem anderen Vorzeichen behaftet.

Es ist möglich, daß die einfachen Modelle mit e i n e m Maximum der Energiedichte die wirkliche Energiedichteverteilung in der Magnetosphäre nicht wiedergeben. Satellitenmessungen weisen darauf hin, daß möglicherweise zwei verschiedene Energiedichtemaxima existieren. Es wurden deshalb Modelle mit zwei Maxima untersucht. Sie lassen sich einfach durch Addition zweier einfacher Modelle (5.1) mit verschiedenem r_{0m} herstellen. Das aus einer solchen Energiedichteverteilung zu berechnende Magnetfeld an der Erdoberfläche kann ebenfalls durch Addition der Magnetfelder der beiden einfachen Modelle erhalten werden. Rechnungen dieser Art ergeben auch keine Verteilung der Koeffizienten, wie sie in (5.10) gefordert wird. In den allermeisten Fällen ist ebenfalls der Koeffizient mit $n = 1$ im Verhältnis zu den Koeffizienten mit $n = 5$ und $n = 7$ viel zu groß.

Insgesamt zeigen die Modellrechnungen, daß das Magnetfeld des magnetosphärischen Ringstroms an der Erdoberfläche homogener ist als das während magnetischer Stürme beobachtete mittlere D_{st}-Feld. Ausnahmen bilden solche Modelle, bei denen das Stromgebiet sehr nahe der Erdoberfläche angenommen wurde ($r_{0m} \leq 1,6a$). Bei diesen Modellen ist aber immer $|I_3/3| > |I_5/5|$ und $|I_3/3| \gg |I_7/7|$. Die Vorzeichen der I_n stimmen nicht mit denen in (5.10) überein.

Es werde noch einmal die in den Modellrechnungen benutzte Verteilung der Neigungswinkel betrachtet. In die Gleichung (2.31) für die Funktion Φ werden die Koordinaten r_0 und ϑ und $C(\gamma)$ nach (A 3.8) eingesetzt. Damit wird

$$\Phi(r_0, \vartheta, \alpha) = C(\gamma) \left(\frac{F(r_0, \pi/2)}{F(r_0, \vartheta)} \right)^{(\gamma-1)/2} \sin^\gamma \alpha \qquad (5.11)$$

Für $\vartheta = \pi/2$ ist die Verteilungsfunktion proportional zu $\sin^\gamma \alpha$. Da $\gamma > 0$ sein muß, haben in der Äquatorebene ($\vartheta = \pi/2$) die meisten Partikel sehr große Neigungswinkel α. Das bedeutet nach (2.23), daß sie eine kleine Geschwindigkeitskomponente v_t haben. Für die Bewegung geladener Teilchen im Dipolfeld der Erde gilt (siehe z.B. PARKER [1957])

$$\sin \alpha(r_0, \vartheta) = \left(\frac{F(r_0, \vartheta)}{F(r_0, \pi/2)} \right)^{1/2} \sin \alpha(r_0, \pi/2) \qquad (5.12)$$

Diese Gleichung besagt, daß die eingefangenen Partikel mit großem Winkel α in der Äquatorebene sich nicht weit aus der Äquatorebene entfernen. Zum Beispiel haben Teilchen mit einem Neigungswinkel $\alpha > 45°$ bei $\vartheta = \pi/2$ ihren Umkehrpunkt bei Winkeln $\vartheta > 67°$.

Je größer der Wert γ angenommen wird, um so höher wird der Anteil der Teilchen, die in der Äquatorebene einen großen Neigungswinkel haben; sie bleiben wegen (5.12) um die Äquatorebene konzentriert. Nur wenige gelangen entlang den Feldlinien in die Nähe der Erdoberfläche. Deshalb wird der größte Teil des Stroms j_φ in Gebieten fließen, die am weitesten von der Erde entfernt sind. Dieser hauptsächlich in der Nähe der Äquatorebene (im erdfernen Teil des Ringstromgebietes) fließende Strom ergibt das sehr homogene Ringstrommagnetfeld an der Erdoberfläche.

Um eine größere Inhomogenität zu erzielen, sei noch folgendes extreme Modell behandelt: Statt (A 3.1) in Anhang 3 sei ein Ansatz für die Neigungswinkelfunktion gemacht, der aus zwei Gliedern besteht:

$$\Phi(r_0, \vartheta, \alpha) = C(\gamma_1)\left(\frac{F(r_0, \pi/2)}{F(r_0, \vartheta)}\right)^{(\gamma_1-1)/2} \sin^{\gamma_1}\alpha + C(\gamma_2)\left(\frac{F(r_0, \pi/2)}{F(r_0, \vartheta)}\right)^{(\gamma_2-1)/2} \sin^{\gamma_2}\alpha \tag{5.13}$$

An der Stelle $\vartheta = \pi/2$ und für $\alpha = \pi/2$ soll $\Phi(r_0, \vartheta, \alpha) = 0$ sein. Das bedeutet, in der Äquatorebene sollen keine Teilchen einen Neigungswinkel von $90°$ haben. Dann wird

$$C(\gamma_1) = C(\gamma_2) \tag{5.14}$$

Für $N(r_0, \vartheta)$ ergibt sich eine (A 3.7) entsprechende Gleichung mit ebenfalls zwei Gliedern. Die Konstante $C(\gamma_1)$ wird so bestimmt wie in (A 3.8) und es wird

$$C(\gamma_1) = N(r_0, \pi/2) \bigg/ \left(\frac{2^{\gamma_1} \Gamma^2\left(\frac{\gamma_1+1}{2}\right)}{\Gamma(\gamma_1+1)} - \frac{2^{\gamma_2} \Gamma^2\left(\frac{\gamma_2+1}{2}\right)}{\Gamma(\gamma_2+1)}\right) \tag{5.15}$$

Damit ist auch $C(\gamma_2)$ und die kompliziertere Funktion $\Phi(r_0, \vartheta, \alpha)$ bestimmt. Mit dieser Funktion werden wie in den Gleichungen (A 3.10) bis (A 3.16) die Druckkomponenten ausgedrückt, und j_b kann wie in (2.36) berechnet werden. Nach einigen Rechnungen und Umformungen von Gammafunktionen und nach Einführen der Energiedichte E_k statt der Teilchendichte N ergibt sich für die Stromdichte ein Ausdruck, der Gleichung (2.38) entspricht:

$$j_b = \frac{c}{F}\left\{\frac{\gamma_1+1}{\gamma_1+2} \frac{\partial}{\partial s_2}\left[E_k\left(\frac{F(s_0, s_2)}{F(s_1, s_2)}\right)^{(\gamma_1-1)/2}\right] + \frac{1-\gamma_1}{\gamma_2+2} \varkappa\, E_k\left(\frac{F(s_0, s_2)}{F(s_1, s_2)}\right)^{(\gamma_1-1)/2}\right\}\frac{1}{1-A}$$

$$-\frac{c}{F}\left\{\frac{\gamma_2+1}{\gamma_2+2} \frac{\partial}{\partial s_2}\left[E_k\left(\frac{F(s_0, s_2)}{F(s_1, s_2)}\right)^{(\gamma_1-1)/2}\right] + \frac{1-\gamma_2}{\gamma_2+2} \varkappa\, E_k\left(\frac{F(s_0, s_2)}{F(s_1, s_2)}\right)^{(\gamma_2-1)/2}\right\}\frac{1}{1/A-1} \tag{5.16}$$

Dabei ist

$$A = \frac{\Gamma\left(\frac{\gamma_1+2}{2}\right) \Gamma\left(\frac{\gamma_2+1}{2}\right)}{\Gamma\left(\frac{\gamma_1+1}{2}\right) \Gamma\left(\frac{\gamma_2+2}{2}\right)} \tag{5.17}$$

Mit diesem Ausdruck für die Stromdichteverteilung, dessen beide Summanden sich nur durch einen von γ_1 und γ_2 abhängigen Faktor von (2.38) unterscheiden, wurden Modelle zur Bestimmung des Magnetfeldes an der Erdoberfläche berechnet. Die Energiedichteverteilung wurde nach (5.1) angenommen. Auch diese Rechnungen ergaben kein Modell, das die in (5.10) angegebenen Verhältnisse der Koeffizienten lieferte. Zwar wurde das Magnetfeld an der Erdoberfläche nicht mehr so homogen wie bei den Rechnungen mit der einfachen Neigungswinkelfunktion und die Koeffizienten mit n = 5 und n = 7 wurden größer, aber I_5 und I_7 hatten andere Vorzeichen als es in (5.10) verlangt wird.

6. Der Einfluß eines ionosphärischen Stromsystems auf das D_{st} - Feld

Die umfangreichen Modellrechnungen des Ringstrommagnetfeldes, wie sie in Abschnitt 5 beschrieben wurden, können das beobachtete D_{st}-Feld während der Hauptphase magnetischer Stürme nicht erklären. Es mag sein, daß der Ringstrom zu einfach behandelt wurde. Vielleicht würde eine weitere Näherung, bei der das vom Ringstrom herrührende Magnetfeld in den Rechnungen berücksichtigt wird, die Ergebnisse ändern. Es kann auch die Annahme der Rotationssymmetrie des Erdmagnetfeldes und der Druckverteilung in der Magnetosphäre eine zu starke Vereinfachung sein. Allerdings sollte ein nicht rotationssymmetrisches Magnetfeld, dessen Feldlinien auf der sonnenzugewandten Seite komprimiert und auf der abgewandten Seite auseinandergezogen sind, im Mittel zumindest annähernd durch ein Dipolfeld zu beschreiben sein.

Ein weiterer wesentlicher Grund für die schlechte Übereinstimmung zwischen dem beobachteten D_{st}-Feld und den bisherigen Modellrechnungen kann darin liegen, daß ein Teil des D_{st}-Feldes nicht auf den behandelten Ringstromeffekt zurückzuführen ist, sondern auf elektrische Ströme, die in der Ionosphäre fließen. Sie befinden sich näher an der Erdoberfläche und können somit die Inhomogenität des D_{st}-Feldes verursachen, also besonders den Anteil, der die höheren Koeffizienten in der Kugelfunktionsentwicklung (4.14a) und (4.15) ergibt.

In der Ionosphäre ist die Dichte der Protonen und Elektronen so groß, daß Coulombstöße der Teilchen untereinander nicht vernachlässigt werden können. Bei der Beschreibung der auf das Plasma ausgeübten Kräfte kann außerdem die Wirkung des Neutralgases, dessen Teilchendichte die der geladenen Partikel weit übersteigt, nicht vernachlässigt werden. Zur Behandlung elektrischer Ströme müssen Leitfähigkeiten eingeführt werden, die von der Stoßfrequenz der Partikel der einzelnen Gaskomponenten abhängen. Es gilt also nicht mehr die einfache Gleichung (2.1) oder (2.4), die auf den Ringstrom in der Magnetosphäre führte; deshalb sind auch Ionosphärenströme in den vorstehenden Modellrechnungen nicht erfaßt.

Während magnetischer Stürme existieren ionosphärische Stromsysteme besonders in der Polarlichtzone, die mit den dort einfallenden geladenen Teilchen und den Polarlichtern zusammenhängen; so wird zum Beispiel der im Abschnitt 4 erwähnte DS-Anteil des Störfeldes auf elektrische Ströme in der Ionosphäre zurückgeführt. Ein Stromsystem, das den DS-Anteil liefert, muß so beschaffen sein, daß es an der Erdoberfläche in allen Breiten Magnetfeldkomponenten ΔH und ΔZ näherungsweise proportional zu $\sin \Lambda$ (Λ = geomagn. Länge) erzeugt. Das Modell eines solchen Stromsystems, wie es aus der Beobachtung des DS-Feldes bestimmt werden kann, gibt jedoch keinen Beitrag zum D_{st}-Anteil des Störfeldes.

In hohen magnetischen Breiten ($\theta > 60°$) treten bei magnetischen Stürmen besonders häufig kurzzeitige Magnetfeldstörungen vorwiegend in der H-Komponente auf. Sie dauern etwa eine bis zwei Stunden an und haben Abweichungen bis zu einigen hundert γ in positive und negative Richtung vom mittleren Sturmniveau. Zur Beschreibung dieser sogenannten "polar magnetic substorms" geben AKASOFU, CHAPMAN

6.

und MENG [1965] ein Modell für ein ionosphärisches Stromsystem an. Dieses System besteht hauptsächlich aus einem starken Westwärtsstrom (dem polar electrojet) zwischen 68° und 72° geomagnetischer Breite auf der Nachtseite der Erde und zwischen 75° und 80° auf der Tagseite. Auf der Nachtseite fließt ein wesentlich schwächerer Ostwärtsstrom zwischen Θ = 60° und Θ = 40°. Dieses Stromsystem kann zumindest einen Teil des D_{st}-Feldes an der Erdoberfläche verursachen.

Trotz gewisser Bedenken, die am Ende dieses Abschnitts erläutert werden, soll hier versucht werden, die höheren Glieder in der Kugelfunktionsentwicklung (3.14a) des D_{st}-Feldes auf einen in einer dünnen Ionosphärenschicht fließenden Strom zurückzuführen. Dieser Strom sollte eigentlich zum DS-Anteil des Störungsfeldes gehören und in Gleichung (4.2) ein zusätzliches Glied mit n = 0 ergeben. Bei der in Abschnitt 4 beschriebenen Trennung von D_{st}- und DS-Anteil ist es jedoch möglich, daß dieses Glied dem D_{st}-Anteil zugeschrieben wird.

Der Ionosphärenstrom habe nur eine φ-Komponente; eine mögliche ϑ-Komponente muß so beschaffen sein, daß im Mittel kein Strom senkrecht zu den Breitenkreisen fließt. Der Einfachheit halber wird weiter angenommen, der Strom i_φ sei unabhängig von der geomagnetischen Länge, also von φ; denn auch das Magnetfeld, das er verursachen soll, ist durch Mittelung über die Breitenkreise unabhängig von φ. In Kugelfunktionen sei i_φ dargestellt durch

$$i_\varphi = \sum_{k=1}^{\infty} i_k P_k^1 (\cos \vartheta) \tag{6.1}$$

Das Vektorpotential zur Berechnung des Magnetfeldes dieses in einer Kugelschale mit dem Radius R fließenden Stromes ist durch Vereinfachung von (3.8) zu erhalten. Es ist

$$A_\varphi = \frac{2}{c} \sum_{n=1}^{\infty} \frac{r^n}{n(n+1)} P_n^1 (\cos \vartheta) \int_0^{2\pi} \int_0^{\pi} \sum_{k=1}^{\infty} i_k P_k^1 (\cos \vartheta') R^{-n+1} \cos^2(\varphi - \varphi') \cdot \sin \vartheta' P_n^1 (\cos \vartheta') d\vartheta' d\varphi' \tag{6.2}$$

Wird die Integration über φ' ausgeführt und bei der Integration über ϑ' die Orthogonalitätsrelation (3.6) für die Kugelfunktionen angewendet, dann ergibt sich

$$A_\varphi = \frac{4\pi}{c} \sum_{n=1}^{\infty} \frac{r^n}{R^{n-1}} \frac{1}{2n+1} i_n P_n^1 (\cos \vartheta) \tag{6.3}$$

und nach (3.12) wird die ϑ-Komponente des Magnetfeldes

$$\Delta F_\vartheta = -\frac{4\pi}{c} \sum_{n=1}^{\infty} \frac{n+1}{2n+1} \left(\frac{r}{R}\right)^{n-1} i_n P_n^1 (\cos \vartheta) = \sum_{n=1}^{\infty} f_n P_n^1 (\cos \vartheta) \tag{6.4}$$

Es besteht also zwischen den Koeffizienten des Stromsystems i_n und denen des Magnetfeldes f_n für r = a die Beziehung

$$i_n = -\frac{c}{4\pi} \frac{2n+1}{n+1} \left(\frac{R}{a}\right)^{n-1} f_n \tag{6.5}$$

Durch den Strom i_φ sollen nur die höheren Glieder der Kugelfunktionsentwicklung des beobachteten Störfeldanteils (4.14a) verursacht werden. Es sei also: $f_1 = 0$; $f_3 = -0,7$; $f_5 = 4,0$; $f_7 = 2,7$, wobei die Werte in γ angegeben sind. Die Höhe der stromführenden Schicht wird mit 100 km angenommen, so daß R = a + 100 km wird. Mit diesen Werten ergibt sich für den Strom i_φ, wenn die Koeffizienten i_n nach

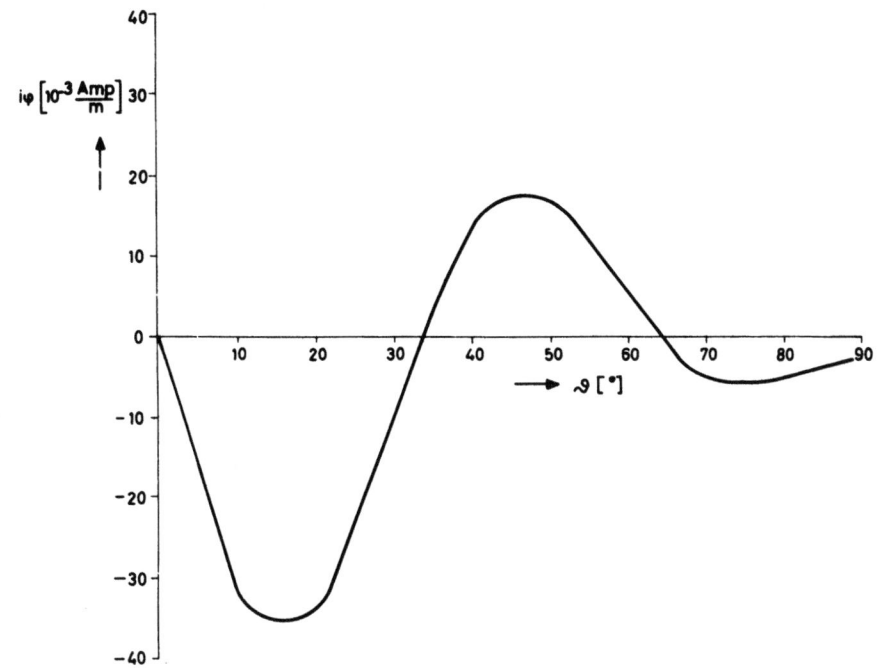

Abb. 10: Stromdichteverteilung eines in der Ionosphäre (in 100 km Höhe) fließenden Modell-Flächenstroms zur Erzeugung des inhomogenen Anteils im D_{st}-Feld als Funktion der Poldistanz ϑ. In hohen Breiten fließt der Strom westwärts, in mittleren ostwärts.

(6.5) aus den f_n berechnet werden:

$$i_\varphi(\vartheta) = (1,0\, P_3^1(\cos\vartheta) - 6,2\, P_5^1(\cos\vartheta) - 4,4\, P_7^1(\cos\vartheta)) \cdot 10^{-3}\, \frac{Amp}{m} \qquad (6.6)$$

In Abbildung 10 ist diese Funktion über ϑ aufgetragen. Sie gibt die entlang den Breitenkreisen und über viele Stürme gemittelte Stärke der Flächenstromdichte an, die in der Ionosphäre fließen muß, um die höheren Glieder der Kugelfunktionsentwicklung des D_{st}-Feldes bei starken Stürmen zu erzeugen. Danach fließt in hohen geomagnetischen Breiten mit $\Theta > 55°$ ($\vartheta < 35°$) ein Strom westwärts, in niedrigeren Breiten ein Strom ostwärts. Das entspricht ungefähr der von AKASOFU u.a. [1965] angegebenen Stromverteilung während der polar magnetic substorms. Man findet in der genannten Arbeit jedoch keine Angaben über die Stärke dieses modellmäßigen Flächenstroms in der Ionosphäre; deshalb ist kein direkter Vergleich mit der in Abbildung 10 dargestellten Stromverteilung möglich.

Über die Entstehung des möglichen Stromsystems gibt es zwar einige Vorstellungen, die zum Beispiel bei AKASOFU [1966] beschrieben werden, es fehlt aber eine einigermaßen vollständige Theorie. Es ist auch nicht sicher, ob ein solches Stromsystem tatsächlich existiert. Nach BOSTRÖM [1967] sollen die in der Polarlichtzone beobachteten magnetischen Effekte der polar magnetic substorms im wesentlichen durch Ströme verursacht werden, die entlang der erdmagnetischen Feldlinien zwischen Magnetosphäre und Ionosphäre fließen, und die sich in der Ionosphäre schließen. Solche Ströme sind möglich, wenn das Magnetfeld oder die Plasmadichte nicht rotationssymmetrisch sondern längenabhängig sind (siehe Abschnitt 2 und Gleichung (2.15)).

Wenn das von AKASOFU angegebene Stromsystem tatsächlich existiert, dann sollte es bei schwachen magnetischen Stürmen in höheren Breiten fließen als bei starken Stürmen; denn auch die Magnetfeldvariationen, zu deren Deutung es dienen soll, werden bei starken Stürmen in niedrigeren Breiten beobachtet.

Das aus dem inhomogenen D_{st}-Anteil hergeleitete Stromsystem (in (6.6) für starke Stürme) liegt aber bei schwachen Stürmen nicht in niedrigeren Breiten. Das ist am einfachsten mit Hilfe der Abbildungen 4 und 6 zu sehen: Die Abweichungen der D_{st}(H) - Kurve von der Sinusfunktion werden durch ein Stromsystem wie in (6.6) erklärt. Bei schwachen Stürmen liegen die Abweichungen der D_{st}(H)-Kurve von der Sinus-Kurve bei etwas höheren ϑ-Werten (niedrigeren Breiten) als bei starken Stürmen. Ein für schwache Stürme entsprechend (6.6) berechnetes Stromsystem wird also sicher nicht in höheren Breiten liegen als das Stromsystem für starke Stürme. Aus Abbildung 5 kann auf dieselbe Weise geschlossen werden, daß sich ein mögliches Stromsystem während der Erholungsphase starker Stürme nicht in bezug auf die geomagnetische Breite verschiebt.

Bei starken, mittleren und schwachen Stürmen ändern sich die Verhältnisse der einzelnen Koeffizienten der Kugelfunktionsentwicklungen des D_{st}-Feldes nur sehr wenig. Das läßt ebenfalls auf die konstante Lage eines zur Erklärung der höheren Koeffizienten angenommenen Stromsystems schließen im Gegensatz zur veränderlichen Lage des Substorm-Stromsystems. Die Stärke des Stromes sollte proportional zur Ringstromstärke in der Magnetosphäre sein. - Das Substorm-Stromsystem sollte eigentlich ein Teil des DS-Systems sein und sich ebenso wie dieses verhalten. Nach SUGIURA und CHAPMAN [1960] nimmt das DS-Feld während der Erholungsphase magnetischer Stürme wesentlich schneller ab als das D_{st}-Feld. Dagegen zeigen die hier durchgeführten Untersuchungen, daß die höheren Koeffizienten im D_{st}-Anteil nicht schneller abnehmen als der erste Koeffizient.

Aus diesen Betrachtungen geht hervor, daß der inhomogene Anteil im D_{st}-Feld möglicherweise nicht nur mit elektrischen Strömen in der Ionosphäre zu erklären ist, sondern doch von bisher unberücksichtigten Eigenschaften des Ringstroms in der Magnetosphäre verursacht wird.

7. Instabilitäten des Plasmas im äußeren Ringstromgebiet

Für die Rechnungen in Abschnitt 5 waren stetige Modelle angenommen mit einem Anstieg der Energiedichte von 0 auf einen maximalen Wert E_{k0} und einen Abfall nach außen auf den Wert 0. Integration über das ganze Gebiet mit von null verschiedener Energiedichte führte zur Berechnung des Magnetfeldes des Ringstroms. Möglicherweise entsprechen jedoch solche Modelle nicht der Wirklichkeit, weil sie zu Instabilitäten des Plasmas führen. Nicht jede denkbare Energiedichteverteilung ist in der Magnetosphäre möglich.

Eine Bedingung für die Stabilität der Plasmaverteilung gibt SWIFT [1967]. Danach sind Instabilitäten des Plasmas in einem Gebiet möglich, in dem die Dichte der kinetischen Energie des Gases steiler als mit $r_0^{-7,05}$ abfällt. Diese Bedingung wurde früher auch schon von CHANG, PEARLSTEIN und ROSENBLUTH [1965] angegeben. In den genannten Arbeiten werden die Eigenschaften der Magnetosphäre und die elektrischen Ströme aus der Bewegung geladener Teilchen im Erdmagnetfeld berechnet und ferner Dispersionsgesetze für den Durchgang elektromagnetischer Störungen durch das Plasma hergeleitet. Die Dispersionsgesetze führen auf ein starkes Anwachsen der Energie einer von außen in das Ringstromgebiet eindringenden Störung, wenn die Energiedichte des Plasmas in der Äquatorebene mit r_0^{-q} abfällt und $q > 7,05$ ist. Diese Bedingung ist abhängig von der Verteilungsfunktion der Neigungswinkel, von der Frequenz der Störung, sowie von den Eigenschaften der Ionosphäre als unterer Grenzschicht der Magnetosphäre. Die Ausbreitungsgeschwindigkeit der Instabilität ist ebenfalls von diesen Parametern abhängig.

Die Bedingung q > 7,05 ändert sich jedoch nur wenig für größere Variationsbreiten der genannten Parameter, so daß hier ein Auftreten von Instabilitäten für q > 7 angenommen werden soll.

GOLD [1959] erhält mit sehr vereinfachten Überlegungen über die Bewegung des energiereichen Plasmas in der Magnetosphäre eine ähnliche Bedingung, daß nämlich Instabilitäten auftreten können, wenn die Energiedichte steiler als mit $r_0^{-20/3}$ abfällt. Diese Bedingung ist in etwa eine Analogie zum adiabatischen Temperaturgradienten in der Atmosphäre.

(Nach GOLD vergrößert sich das Volumen V einer Feldröhre des Dipolfeldes proportional zu r_0^4, wenn sie durch eine Störung nach außen bewegt wird; denn der Querschnitt einer Feldröhre vergrößert sich proportional zu r_0^3 und die Länge proportional zu r_0. Das in der Feldröhre eingefangene Plasma möge sich adiabatisch ausdehnen gemäß $p \cdot V^{5/3}$ = const. (für ein einatomiges Gas). Dann ergibt sich $p \propto r_0^{-20/3}$. Fällt die Energiedichte in der Magnetosphäre steiler ab als proportional zu $r_0^{-20/3}$, so verstärkt sich die Störung mit adiabatischer Ausdehnung des Plasmas, weil die Energiedichte in der verschobenen Feldröhre größer als in der Umgebung ist.)

Die Messungen von FRANCK [1967] zeigen während eines schwachen bis mittleren erdmagnetischen Sturmes einen Abfall der Energiedichte, der zum Teil steiler als proportional r_0^{-7} ist; es kann also eine solche gemessene Energiedichteverteilung teilweise instabil werden.

Das Verhalten des Plasmas beim Auftreten von Instabilitäten ist äußerst schwierig zu berechnen, da dann zusätzlich Beschleunigungsglieder in der Grundgleichung der Magnetohydrodynamik auftreten. Ebenso werden die dabei entstehenden elektrischen Ströme nicht in einfacher Weise zu behandeln sein. Die für den quasi-stationären Fall noch gültige Gleichung (2.4), die auf den Ringstrom führt, ist dann nicht mehr anwendbar. Die in Abschnitt 5 durchgeführten Modellrechnungen entsprechen also auch nicht mehr annähernd den wirklichen Verhältnissen, falls tatsächlich Instabilitäten bei erdmagnetischen Stürmen häufig auftreten.

Es werde nun in grober Vereinfachung angenommen, daß während der Hauptphase magnetischer Stürme im Mittel immer ein Teil des Ringstromgürtels instabil ist. In diesem Teilgebiet gilt dann nicht mehr die Ausgangsgleichung (2.4) für den quasi-stationären Fall, und es sei vorausgesetzt, daß im Mittel kein Strom von der Art des bisher behandelten Ringstroms existiere, das heißt, das instabile Gebiet liefere keinen Anteil zu dem am Boden beobachteten D_{st}-Feld. Die Instabilitätsgrenze liege bei einem Äquatorabstand r_{0g} im Gebiet mit nach außen abfallender Energiedichte. Die in Abschnitt 5 (Gleichung (5.1)) benutzten Dichtemodelle gelten dann von der unteren Begrenzungsfeldlinie mit r_{01} bis zu einer Feldlinie mit r_{0g}, wobei $r_{0g} > r_{0m}$ ist. Der Abstand r_{0g} bezeichne die Stelle, an der diese Modelle einen Energiedichteabfall haben, der steiler als proportional zu r_0^{-7} ist.

Es wird die Steigung eines Vergleichsmodells

$$E_v = E_{0v} r_0^{-7} \quad ; \quad \frac{dE_v}{dr_0} = -7 E_{0v} r_0^{-8} \tag{7.1}$$

mit der der Modelle (5.1) verglichen:

$$\frac{dE_k}{dr_0} = - E_{k0} \, 2u_2 \left[1 - \left(\frac{r_0 - r_{0m}}{r_{02} - r_{0m}} \right)^{u_2} \right] \left(\frac{r_0 - r_{0m}}{r_{02} - r_{0m}} \right)^{u_2 - 1} \frac{1}{r_{02} - r_{0m}} \tag{7.2}$$

Instabilitäten sollen an einer Stelle auftreten mit

$$\left| \frac{dE_k}{dr_0} \right|_{r_{0g}} > \left| \frac{dE_v}{dr_0} \right|_{r_{0g}} \tag{7.3}$$

7.

Die Faktoren E_{0v} und E_{k0} müssen so voneinander abhängen, daß an jeder Stelle r_{0g} die folgende Beziehung gilt:

$$E_{0v} r_{0g}^{-7} = E_{k0} \left[1 - \left(\frac{r_{0g} - r_{0m}}{r_{02} - r_{0m}} \right)^{u_2} \right]^2 \qquad (7.4)$$

Das bedeutet, die Dichte E_k soll an der Stelle r_{0g} gleich der Dichte E_v sein. Durch Einsetzen von (7.1), (7.2) und (7.4) in (7.3) ergibt sich für r_{0g} die Bedingung

$$7 \left[1 - \left(\frac{r_{0g} - r_{0m}}{r_{02} - r_{0m}} \right)^{u_2} \right]^2 \frac{1}{r_{0g}} < 2u_2 \left[1 - \left(\frac{r_{0g} - r_{0m}}{r_{02} - r_{0m}} \right)^{u_2} \right] \left(\frac{r_{0g} - r_{0m}}{r_{02} - r_{0m}} \right)^{u_2 - 1} \frac{1}{r_{02} - r_{0m}} \qquad (7.5)$$

Die Stromdichte j_φ in Gleichung (5.4) existiert dann nur bis zu einem Abstand r_{0g} und zur Berechnung des Magnetfeldes dieses Stromes an der Erdoberfläche brauchen die Integrationen (5.7) nur noch bis r_{0g} statt bis r_{02} ausgeführt zu werden.

Modellrechnungen dieser Art wurden mit der elektronischen Rechenmaschine für verschiedene Werte der folgenden Parameter durchgeführt: r_{01} (untere Grenze des Stromgebietes), r_{0m} (Abstand des Maximums der Energiedichte), r_{0g} (äußere Grenze, die durch die Wahl von r_{02} festgelegt wird, bei der die Energiedichte aber nicht gleich null wird), u_1, u_2 (Steilheit des Energiedichteanstiegs und -abfalls), γ (Parameter für die Neigungswinkelverteilung). Die Rechnungen zeigten, daß solche Modelle ein Magnetfeld liefern können, das dem beobachteten D_{st}-Feld an der Erdoberfläche entspricht. Es lassen sich viele Energiedichteverteilungen angeben, deren Ringstrom j_φ ein Magnetfeld mit der ϑ-Komponente nach (5.8)

$$\Delta F_\vartheta (a, \vartheta) = \frac{4 \pi E_{k0} a^3}{M} \sum_{n=1,3}^{7} P_n^1 (\cos \vartheta) \frac{1}{n} I_n (r_{01}, r_{0m}, r_{0g}(r_{02}), u_1, u_2, \gamma) \qquad (7.6)$$

liefert, wobei die Koeffizienten I_n/n (für n = 1, 3, 5, 7) die gewünschten Verhältnisse wie in Gleichung (5.10) haben. Die einzelnen Parameter können dabei in einem größeren Bereich variieren, jedoch müssen sie für ein bestimmtes passendes Modell alle festliegen.

Einige Einschränkungen über den Variationsbereich der Parameter lassen sich aus den bisherigen Rechnungen angeben: Die untere Grenze r_{01} des Ringstromgebietes muß zwischen $r_{01} = 2,3 a$ und $r_{01} = 3,5 a$ liegen. Das Energiedichtemaximum kann je nach dem Wert von r_{01} zwischen $r_{0m} = 2,6 a$ und $r_{0m} = 3,8 a$ liegen. Die äußere Grenze r_{02} ist etwa 1,5 a bis 3 a größer zu wählen als r_{0m}. Diese Daten stimmen recht gut mit den bisher allerdings noch unvollständigen Satellitenmessungen während magnetischer Stürme überein. Nach den Messungen von FRANCK [1967] liegt bei einem mittleren Sturm das Energiedichtemaximum von Protonen mit Energien zwischen 0,2 keV und 50 keV in einer Entfernung von 3,2 a. Nach innen fällt die Energiedichte steil ab und ist bei 2,2 a um einen Faktor 50 geringer; nach außen hin wurde ein nicht so steiler Energiedichteabfall gemessen. Der Äquatorabstand r_{0g}, der die mittlere Instabilitätsgrenze angeben soll, liegt meist etwa in der Mitte zwischen r_{0m} und r_{02}. Die Zahlen u_1 und u_2 können in einem großen Bereich variieren; denn die Steilheit des Energiedichte-Anstiegs bzw. -Abfalls wird schon durch die Wahl der Grenzen r_{01}, r_{0m} und $r_{0g}(r_{02})$ festgelegt. Die Zahl γ kann Werte zwischen 0,2 und 3,0 annehmen. Es wird allerdings schwieriger, geeignete Modelle zu finden, bei denen $\gamma > 1,5$ ist. FRANCK [1967] deutet an, daß seine Messungen auf eine Neigungswinkelverteilung mit γ zwischen 2 und 3 schließen lassen.

Da γ möglicherweise nicht im ganzen Ringstromgebiet konstant ist und z.B. eine Funktion von r_0 sein kann, wurden als vereinfachendes Beispiel für veränderliches γ zwei verschiedene Werte angenommen: γ_1 für den unteren Teil des Stromgebiets mit $r_{01} < r_0 < r_{0m}$ und γ_2 für den äußeren Teil mit $r_{0m} < r_0 < r_{0g}$. Die Rechnungen zeigen, daß geeignete Modelle nur anzugeben sind, wenn $\gamma_1 < \gamma_2$ gewählt wurde (z.B. $\gamma_1 = 0,9$ $\gamma_2 = 3,0$). Wie aus der Gleichung (2.31) für die Verteilungsfunktion zu ersehen ist bedeutet das: Im äußeren Teil des Ringstromgürtels sollten sich in der Äquatorebene mehr Teilchen mit großen Neigungswinkeln befinden als im inneren Teil. - Die wenigen aus den Modellrechnungen hervorgehenden Einschränkungen lassen also keine genaue Aussage über die Lage und Form eines teilweise instabil angenommenen Ringstromgebietes zu.

Eines der vielen möglichen Modelle werde im folgenden genauer betrachtet. Die Parameter sind

$$r_{01} = 2,6 \; ; \quad r_{0m} = 3,0 \; ; \quad r_{02} = 4,6 \; ; \quad r_{0g} = 3,84 \; ; \quad a_1 = 1,15 \; ; \quad u_1 = u_2 = 2,0 \; ; \quad \gamma = 0,6 .$$
(7.7a)

Dieses Modell liefert mit der Abkürzung $4\pi \cdot E_{k0} a^3 / M = A$ für die ϑ-Komponente des Magnetfeldes an der Erdoberfläche nach (5.8)

$$\Delta F_{\vartheta a} = A \cdot 10^{-2} (78 \, P_1^1 - 1,2 \, P_3^1 + 4,6 \, P_5^1 + 1,4 \, P_7^1)$$
(7.7)

In dem vorstehenden Modell werde nur der Parameter r_{02} geändert:

Mit $r_{02} = 4,7$ wird $r_{0g} = 3,92$ (nach (7.5)) und

$$\Delta F_{\vartheta b} = A \cdot 10^{-2} (141 \, P_1^1 - 1,3 \, P_3^1 + 4,6 \, P_5^1 + 1,4 \, P_7^1)$$
(7.8)

Mit $r_{02} = 4,55$ wird $r_{0g} = 3,81$ und

$$\Delta F_{\vartheta c} = A \cdot 10^{-2} (47 \, P_1^1 - 1,2 \, P_3^1 + 4,5 \, P_5^1 + 1,3 \, P_7^1)$$
(7.9)

$\Delta F_{\vartheta a}$ stimmt am besten mit dem äußeren Anteil des D_{st}-Feldes $D_{\vartheta e}$ nach (4.14a) überein. Bei Änderung von r_{02} variiert der erste Koeffizient stark, während die übrigen fast konstant bleiben. Die drei Ausdrücke K_a, K_b und K_c in den Klammern der Funktionen ΔF_ϑ sind in Abbildung 11 eingezeichnet zusammen mit einer Kurve, die durch Multiplikation von K_c mit einem Faktor 3 entsteht. Eine geringe Verschiebung der äußeren Grenze r_{02} des Modells und die damit verbundene Änderung von r_{0g} hat einen großen Einfluß auf die Form der Kurven ΔF_ϑ. Der Betrag von ΔF_ϑ wächst bei gleichbleibender maximaler Energiedichte E_{k0} sehr schnell, wenn r_{02} größer gewählt und dadurch auch die Grenze r_{0g} größer wird.

Erhöht man in dem Modell die Energiedichte E_{k0} um einen Faktor 3, dann ergibt sich am Äquator ($\vartheta = 90°$) etwa der gleiche Wert für die ϑ-Komponente des Magnetfeldes, den man durch Vergrößerung von r_{02} um nur 0,15 a erhält. Ähnliche Eigenschaften haben alle Modelle, bei denen teilweise Instabilität des Plasmas angenommen wird. Der Grund liegt im wesentlichen darin, daß der Gradient der Energiedichteverteilung senkrecht zum Magnetfeld in dem Gebiet mit möglichen Instabilitäten ja sehr steil ist, und gerade die Steilheit des Energiedichtegradienten ein Maß für die Ringstromstärke ist. Wird also ein kleines Stromgebiet, in dem die Energiedichte aber stark abfällt, nicht mit berücksichtigt, dann ergibt sich eine wesentlich geringere Magnetfeldstärke.

Je niedriger der Wert r_{02} gewählt wird, das heißt je weniger vom äußeren abfallenden Teil der Energiedichteverteilung mitberücksichtigt wird, um so größer muß die maximale Energiedichte E_{k0} des Modells gewählt werden, um an der Erdoberfläche ein hinreichend großes Magnetfeld zu erhalten. Die Inho-

7.

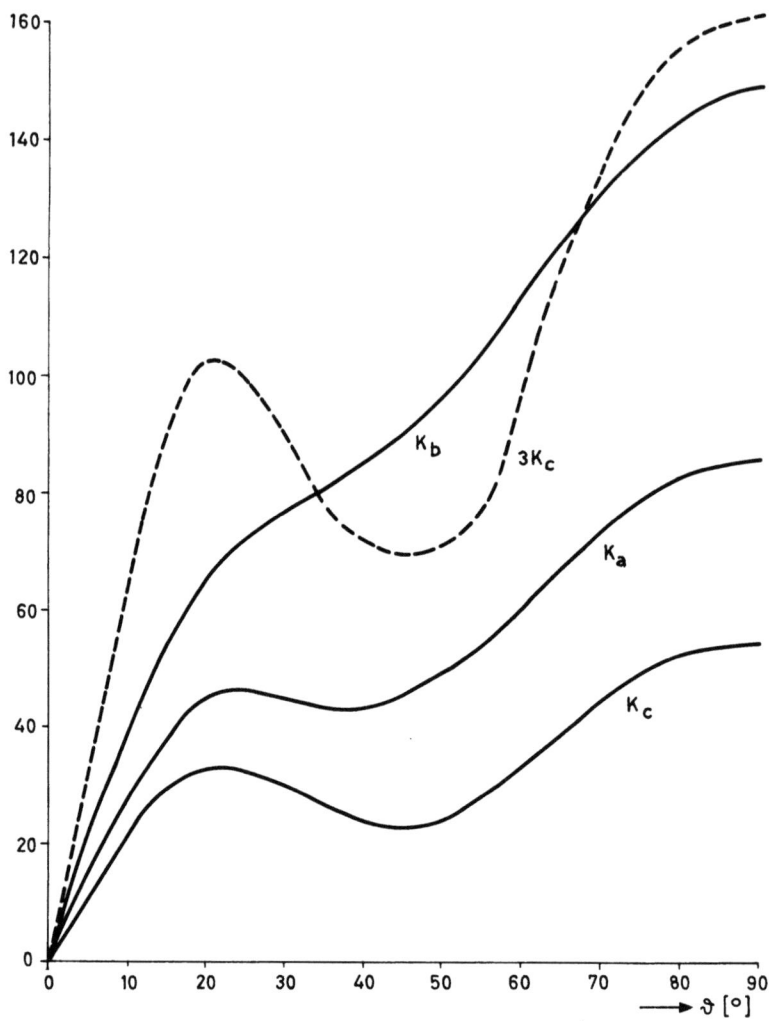

Abb. 11: Die Kurven K_a, K_b, K_c geben bis auf einen Faktor die Horizontalintensität des Ringstrommagnetfeldes an der Erdoberfläche als Funktion der Poldistanz wieder; sie gelten für die im Text aufgeführten Modellparameter und entsprechen den Werten in den Klammern der Gleichungen (7.7), (7.8), (7.9).

mogenität des Feldes wächst, je näher r_{02} an r_{0m}, dem Äquatorabstand der Feldlinie mit maximaler Energiedichte, liegt. Wird der äußere Teil des Modells mit $r_0 > r_{0m}$ gar nicht berücksichtigt, dann ergibt sich eine negative ϑ-Komponente des Störfeldes, da der innere Teil mit $r_0 < r_{0m}$ und anderem Vorzeichen des Dichtegradienten insgesamt einen ostwärtsfließenden elektrischen Strom liefert.

Durch Vergleich des Ausdruckes $\Delta F_{\vartheta a}$ mit dem aus der Analyse der Beobachtungen ermittelten $D_{\vartheta e}$ in Gleichung (4.14a) kann die maximale Energiedichte E_{k0} bestimmt werden. Dieser Wert E_{k0} wird bei Annahme des Modells benötigt, um das Störfeld während der Hauptphase starker magnetischer Stürme zu erklären. Es muß sein

$$\frac{4\pi \cdot E_{k0} a^3}{100 \, M} \approx 0,9 \cdot 10^{-5} \text{ Gauß}$$

Durch Einsetzen der Konstanten erhält man $E_{k0} = 2,2 \cdot 10^{-5}$ erg/cm^3. Das ist ein sehr hoher Wert für die Energiedichte des Plasmas. Es können zwar geeignete Modelle angegeben werden, bei denen die erforderliche Energiedichte geringer ist; jedoch ließ sich bisher kein Modell finden, das für starke Stürme eine geringere maximale Energiedichte als $8 \cdot 10^{-6} \text{erg/cm}^3$ erforderte. - Die Energiedichte des Dipolmagnetfeldes der Erde $E_m = F^2/8\pi$ ist bei einem Äquatorabstand von 3 a: $E_m(3a) = 5,3 \cdot 10^{-6} \text{erg/cm}^3$. - Bei den hier behandelten Modellen wird also eine maximale Energiedichte des Plasmas gefordert, die um einen Faktor 2 bis 5 (je nach Lage des Maximums) größer ist als die Energiedichte des Magnetfeldes.

Bei der Behandlung des Ringstroms mit der Theorie der Bewegung geladener Teilchen im Magnetfeld (z.B. PARKER [1957]) wird meist angenommen, die Energiedichte des Plasmas sei wesentlich kleiner als die des permanenten Magnetfeldes. Diese Bedingung wurde bei der hier in den ersten Abschnitten angegebenen Herleitung des Ringstromes nicht benutzt. Deshalb gelten die Rechnungen unter den angegebenen Voraussetzungen auch, wenn E_{k0} größer als E_m angenommen wird.

Die Messungen von FRANCK [1967] zeigen, daß schon während schwächerer Stürme die Energiedichte des Plasmas im äußeren Teil des Gürtels bis zu einem Faktor 2 größer sein kann als die Energiedichte des Dipolfeldes. Allerdings ist die von FRANCK bei 3,2 a gemessene maximale Energiedichte von Protonen und Elektronen mit Energie zwischen 0,2 keV und 50 keV um einen Faktor 5 kleiner, als sie nach den hier angenommenen Modellen für schwächere Stürme gefordert werden muß.

DAVIES [1965] berichtet von Messungen mit Explorer 12 während eines mittleren magnetischen Sturmes, wobei Energiedichten für Protonen mit Energien E > 97 keV bestimmt wurden, die im Maximum fast so groß waren wie die von FRANCK gemessenen. Nimmt man den bisher noch nicht gemessenen Energiebereich zwischen 50 keV und 97 keV hinzu, dann kann die Gesamtenergiedichte des Plasmas bei starken Stürmen möglicherweise einen Wert von $2 \cdot 10^{-5} \text{erg/cm}^3$ im Maximum erreichen.

Das von FRANCK gemessene Energiedichteprofil ergab nach Integration über das gesamte Volumen einen mit Gleichung (3.28) berechneten homogenen Anteil des Störfeldes an der Erdoberfläche, der größer war als das zur Zeit der Messung der Energiedichte beobachtete D_{st}-Feld. Dabei wurde nicht berücksichtigt, daß ein Teil des D_{st}-Feldes von induzierten Strömen innerhalb der Erde verursacht wird. Eine in Wirklichkeit mögliche größere Gesamtenergie des Plasmas würde ein zu starkes Störfeld ergeben, wenn das gesamte Plasma in gleicher Weise zum Ringstrommagnetfeld beiträgt.

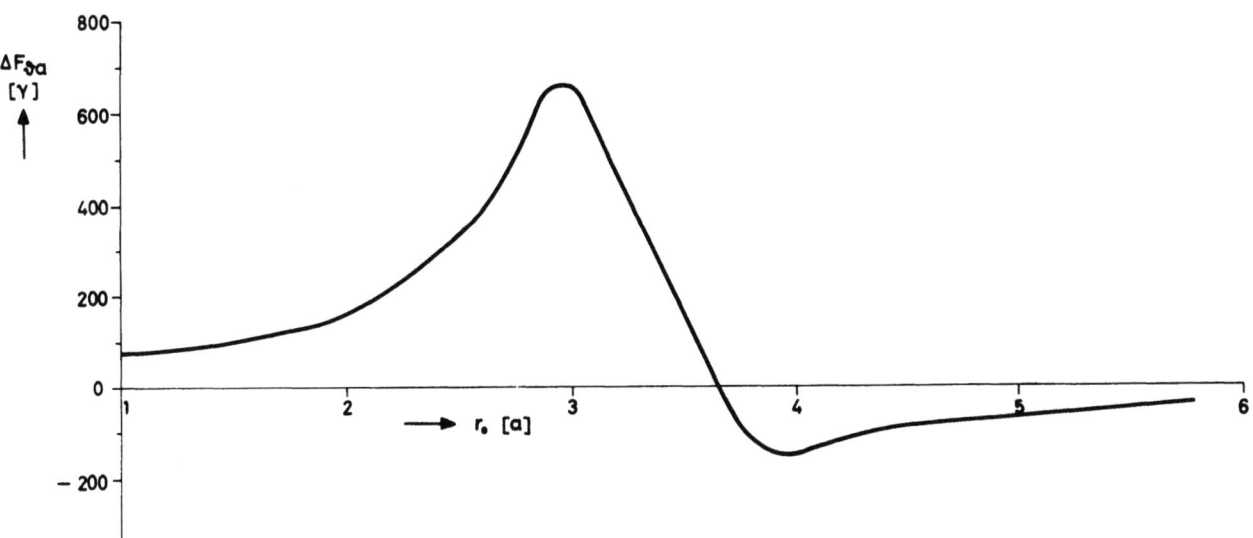

Abb. 12: Stärke des Ringstrommagnetfeldes $\Delta F_{\vartheta a}$ eines im Text (siehe (7.7a)) näher beschriebenen Modells als Funktion des Abstandes r_0 in der Äquatorebene.

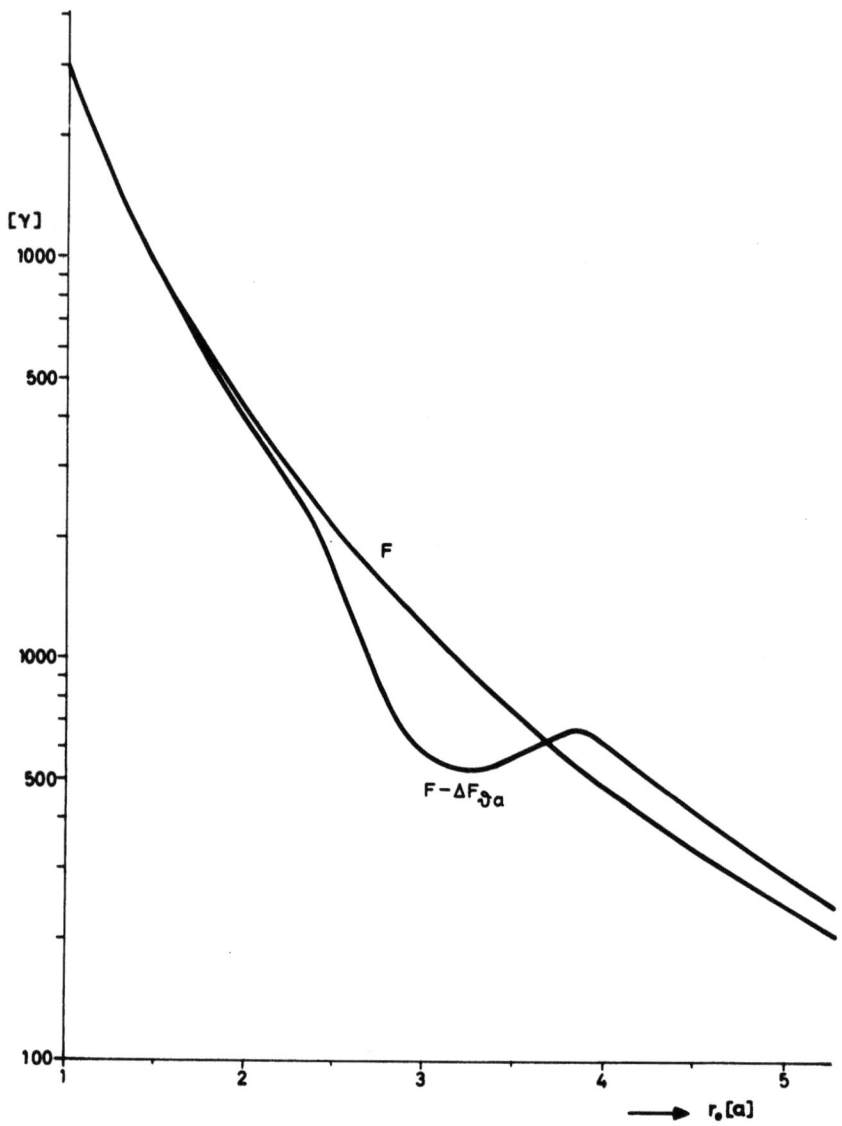

Abb. 13: Das durch ein Dipolfeld angenäherte Erdmagnetfeld F und das durch Überlagerung des Magnetfeldes $\Delta F_{\vartheta a}$ veränderte Feld $F - \Delta F_{\vartheta a}$ in der Äquatorebene.

Für das Modell, welches nach (7.7) auf das Störfeld $\Delta F_{\vartheta a}$ führt, wurde das Magnetfeld in der Äquatorebene bis zu 6 Erdradien Entfernung nach Gleichung (3.13) bestimmt. Dabei wurde nur der erste Koeffizient berechnet, der die Größenordnung des Störfeldes recht gut wiedergibt. In Abbildung 12 ist $\Delta F_{\vartheta a}$ als Funktion von $r_0 (\vartheta = \pi/2)$ eingezeichnet. Das Störfeld hat seinen größten Betrag bei etwa 3 Erdradien an der Stelle der maximalen Energiedichte des Plasmas. Die Richtung ist dem ungestörten Dipolfeld entgegengerichtet. Dieses hat bei $r = 3a$ und $\vartheta = \pi/2$ einen Betrag von etwa 1300γ. Es wird also durch Überlagerung des Störfeldes erheblich verzerrt. Das Dipolfeld F und das zusammengesetzte Magnetfeld $F - \Delta F_{\vartheta a}$ ist in Abbildung 13 eingezeichnet.

Da das Störfeld des Modells im Gebiet des Ringstroms relativ groß ist, wäre es notwendig, eine weitere Näherung zu berechnen, in der statt Gleichung (2.4) eine Ausgangsgleichung der Form

$$\text{Div } P = \frac{1}{c} \; \mathbf{j} \times (\mathbf{F} + \Delta \mathbf{F}) \qquad (7.10)$$

mit dem Ringstrommagnetfeld ΔF zu benutzen ist. Solche Rechnungen würden auch mit einer elektronischen Rechenmaschine sehr aufwendig, wenn eine größere Anzahl von Modellen behandelt werden soll. Sie wurden für diese Arbeit nicht durchgeführt.

HOFFMANN und BRACKEN [1967] berechnen für einige Energiedichtemodelle weitere Näherungen unter Berücksichtigung des vom Ringstrom verursachten Magnetfeldes. Dabei zeigt sich, daß das Störfeld im Ringstromgebiet bei höheren Näherungen kleiner wird, als das in erster Näherung berechnete. Es sollte also die in Abbildung 13 für das angegebene Modell eingezeichnete Kurve $F - \Delta F_{\vartheta a}$ die maximale Abweichung des Gesamtfeldes vom Dipolfeld wiedergeben.

Mit der Annahme von Instabilitäten im äußeren Teil des Ringstromgebietes kann also das D_{st}-Feld an der Erdoberfläche erklärt werden. Es muß allerdings vorausgesetzt werden, daß die im instabilen Gebiet möglichen Ströme im Mittel keinen Beitrag zum D_{st}-Feld liefern. Die Modelle mit einer festen Grenze r_{0g}, oberhalb der das Plasma instabil ist, können also nicht auf einzelne magnetische Stürme angewendet werden. Sie geben nur ein Bild der Energiedichteverteilung, wie sie im Mittel über eine größere Anzahl gleichartiger Stürme vorhanden sein kann.

Für eine weitere Behandlung des Ringstroms wäre es notwendig, aus den Magnetfeldregistrierungen einzelner Stürme an sehr vielen Stationen den vom Ringstrom verursachten Anteil zu bestimmen. Das ist aber auch mit einem dichten Netz von homogen auf der Erde verteilten Observatorien nur möglich, wenn der Anteil, der durch elektrische Ströme in der Ionosphäre verursacht wird, bekannt ist. Die vielen möglichen Stromsysteme (Sq-, DS-, Substrom-System) und deren Einfluß auf das magnetische Störfeld sind jedoch nur schwer zu bestimmen und voneinander zu trennen. Das Vorhandensein und das Auftreten von Instabilitäten sollte an einzelnen während der Hauptphase auf der ganzen Erde auftretenden magnetischen Effekten (z. B. ein steiler Anstieg oder Abfall in der H-Komponente) untersucht werden. Aber auch dabei wird eine Trennung der verschiedenen Anteile im Störfeld auf Schwierigkeiten führen. Deshalb wird es wahrscheinlich einfacher und erfolgversprechender sein, gleichzeitig mit den Magnetfeldregistrierungen am Erdboden die gesamte Energiedichte des magnetosphärischen Plasmas, deren Verteilung auf Protonen und Elektronen in bestimmten Energiebereichen, sowie die Anisotropie des Plasmadruckes mit Satelliten zu messen. Gleichzeitige Magnetfeldregistrierungen in der Magnetosphäre sollten ebenfalls dazu führen, die Eigenschaften des Ringstroms genauer kennenzulernen.

8. Zusammenfassung

Die Hauptphase erdmagnetischer Stürme, die vor allem durch eine längere Zeit andauernde Verringerung der Horizontalkomponente des Erdmagnetfeldes in mittleren und niedrigen Breiten gekennzeichnet ist, wird auf den magnetosphärischen Ringstrom zurückgeführt. Dieser Strom kann formal aus der magnetohydrodynamischen Grundgleichung für stationäre Zustände hergeleitet werden. Die Ergebnisse entsprechen den von PARKER [1957] aus der Bewegung geladener Teilchen im Magnetfeld berechneten Beziehungen.

Das vom Ringstrom verursachte Magnetfeld wird über das Vektorpotential nach dem Biot-Savartschen Gesetz berechnet. Es läßt sich durch eine Kugelfunktionsentwicklung darstellen, deren erster Summand einen homogenen Magnetfeldanteil unterhalb des Stromgebietes ergibt, der proportional zur Gesamtenergie des im Erdmagnetfeld eingefangenen Plasmas ist. Daraus ist zu schließen, daß nicht das thermische sondern das energiereiche Plasma den Hauptanteil des Ringstroms verursacht. Bei den Rechnungen wird eine von der geomagnetischen Länge unabhängige Energiedichteverteilung des magnetosphärischen Plasmas vorausgesetzt; das Erdmagnetfeld wird durch das Feld eines Dipols angenähert.

Der längenunabhängige D_{st}-Anteil des magnetischen Störfeldes während der Hauptphase magnetischer Stürme läßt sich in einer entsprechenden Kugelfunktionsentwicklung als Funktion der geomagnetischen Poldistanz darstellen. Der äußere Anteil des D_{st}-Feldes, als dessen Ursache der Ringstrom angenommen wird, wird vom inneren Anteil, der von induzierten Strömen im Erdinnern herrührt, getrennt. Grundlage für diese Untersuchungen sind die statistischen Ergebnisse, die SUGIURA und CHAPMAN [1960] aus den Registrierungen einer großen Anzahl magnetischer Stürme erhalten hatten. Die Rechnungen zeigen nun, daß zwar ein überwiegender homogener Anteil im D_{st}-Feld vorhanden ist, die weiteren Koeffizienten in der Kugelfunktionsentwicklung jedoch nicht zu vernachlässigen sind. Das Verhältnis der einzelnen Koeffizienten ist für starke, mittlere und schwache Stürme etwa gleich; es ändert sich auch zu verschiedenen Zeiten (während der Hauptphase) nur sehr wenig.

Diese Ergebnisse werden mit Modellrechnungen des Ringstrommagnetfeldes verglichen. Die Rechnungen werden für große Variationsbreiten der Parameter durchgeführt, die den Ringstrom bestimmen; und zwar werden solche Modelle angenommen, bei denen die Energiedichte des Plasmas von einem Wert null mit wachsendem Äquatorabstand auf einen Maximalwert ansteigt und dann nach außen auf den Wert null abfällt. Solche Modelle entsprechen den aus Satelliten-Messungen bekannten Energiedichteprofilen. Sie können aber das beobachtete D_{st}-Feld nicht verursachen, da sie ein homogenes Magnetfeld unterhalb des Stromgebietes ergeben, bei dem die weiteren Glieder der Kugelfunktionsentwicklung meist vernachlässigbar klein sind.

Es wurde versucht, die höheren Glieder in der Entwicklung des beobachteten D_{st}-Feldes, die den inhomogenen Anteil darstellen, durch elektrische Ströme in der Ionosphäre zu erklären. Als annähernd geeignetes Stromsystem erweist sich dabei das von AKASOFU u.a. [1965] zur Beschreibung der "polar magnetic substorms" angegebene Modellsystem. Gegen eine solche Deutung lassen sich jedoch mehrere Einwände erheben; der wichtigste besteht darin, daß nach den hier durchgeführten Untersuchungen ein ionosphärisches Stromsystem bei starken, mittleren und schwachen Stürmen immer in gleichen geomagnetischen Breiten liegen müßte. Dagegen werden die polar magnetic substorms bei stärkeren Stürmen in niedrigeren Breiten beobachtet.

Eine andere mögliche Erklärung für den inhomogenen Anteil im D_{st}-Feld erhält man mit der Annahme von Instabilitäten des Plasmas im äußeren Teil des Ringstromgebietes. Sie sind möglich, wenn die Energiedichte in der Äquatorebene steiler als proportional zu r_0^{-7} abfällt. Es werden Energiedichtemodelle behandelt, bei denen angenommen wird, der äußere Teil des Plasmagürtels sei von einer bestimmten Grenze ab instabil, und gebe im Mittel keinen Beitrag zum Ringstrom. Solche Modelle und die zugehörigen Stromverteilungen geben das an der Erdoberfläche beobachtete D_{st}-Feld recht gut wieder. Die hierbei für starke Stürme erforderliche Energiedichte des Plasmas ist größer, als die bisherigen, allerdings noch recht unvollständigen Messungen mit Satelliten angeben. Die Maxima der möglichen Energiedichtemodelle können nach den Rechnungen zwischen 2,6 und 3,8 Erdradien geozentrischer Entfernung liegen, in Übereinstimmung mit den Messungen.

Um Kenntnis von weiteren Eigenschaften des Ringstroms zu erhalten und um das Vorhandensein von Instabilitäten zu überprüfen, sollten genauere Untersuchungen über die Magnetfeldvariation während der Stürme unternommen werden, oder es sollten gleichzeitig mit den Magnetfeldregistrierungen am Erdboden möglichst vollständige Energiedichte- und Magnetfeldmessungen in der Magnetosphäre mit Satelliten durchgeführt werden.

Die vorliegende Arbeit wurde am Institut für Geophysik der Universität Göttingen angefertigt.

Herrn Professor Dr. M. Siebert, der die Untersuchungen anregte, danke ich für zahlreiche Hinweise und wesentliche Ratschläge.

Ferner danke ich allen Institutsmitgliedern, die mir Unterstützung gewährten.

Summary

The main phase of geomagnetic storms, i.e. the systematic decrease of the horizontal component, is traced back to the magnetospheric ring current. This current can be deduced from the stationary magneto-hydrodynamic equation. The results are equal to those obtained by PARKER [1957] in dealing with the motion of charged particles in a magnetic field.

The magnetic field of the ring current is expanded in a series of spherical harmonics. The first term corresponds to a homogeneous magnetic field beyond the current region, proportional to the total energy of the magnetospheric plasma. Therefore, it is suggested that the energetic particles are responsible for the main part of the ring current. The calculations are carried out assuming energy density distributions independent of the geomagnetic longitude.

The D_{st}-part of the disturbance field during the main phase of geomagnetic storms is expanded in a corresponding series of spherical harmonics (involving geomagnetic co-latitude). The external part of the D_{st}-field, caused by the ring current, is separated from the internal part due to the induced currents within the earth. For this investigation the statistical results of CHAPMAN and SUGIURA [1960] are applied. The calculations show that a major part of D_{st} is a homogeneous field. On the other hand, it turns out that there are further coefficients in the expansions of the observed field which cannot be neglected. The ratio of the homogeneous to the inhomogeneous terms is the same for strong and weak storms, and is also approximately equal during the whole main phase.

The results are compared with a great number of model calculations for the magnetic field of the ring current. For the various models an increasing plasma energy density, up to a maximum, is assumed with increasing geocentric distance in the equatorial plane, with again a decrease of energy density above the maximum height. These models, however, cannot explain the whole observed D_{st}-field, because they all give a homogeneous magnetic field at the earth's surface with only negligibly small inhomogeneous parts.

It is attempted to reduce the inhomogeneous terms of the observed D_{st}-field to electrical currents in the ionosphere. The current system proposed by AKASOFU et al. [1965], in connection with the polar magnetic substorm, might well be adequate for the problem considered. There are, however, some objections rising; e.g. the currents in the ionosphere related with the inhomogeneous terms of the D_{st}-field, according to the analysis of the observed D_{st}-field, should have the same location and extent during great and weak storms. The polar magnetic substorms, however, are observed at lower latitudes during great storms.

Another interpretation of the inhomogeneous terms in the D_{st}-field is considered with the assumption of instabilities in the outer part of the ring current region. This is possible, if the plasma energy density decreases faster than r_0^{-7}. Assuming further that the plasma motion in this region, on the average, does not contribute to the ring current, models are obtained which actually can explain the whole observed D_{st}-field. During great storms these models require a somewhat greater plasma energy density than can be deduced from available satellite observations. The energy density maxima of these models must be within 2,6 and 3,8 earth radii geocentric distance in the equatorial plane, in accordance with the observations.

9. Anhang

A 1. Das Koordinatensystem des begleitenden Dreibeins im Dipolfeld

Das Koordinatensystem des begleitenden Dreibeins wird von SIEBERT [1965] allgemein für Laplacesche Vektorfelder mit komplanaren Feldlinien behandelt. In einem solchen Vektorfeld **F** kann an jedem Punkt ein orthogonales Dreibein eingeführt werden, bei dem die drei Einheitsvektoren **t**, **n**, **b** in Tangentialrichtung, Hauptnormalenrichtung und Binormalenrichtung des Feldes zeigen. Dieses Dreibein ist räumlich variabel. In ihm können die Komponenten von Vektoren und räumliche Differentiationen in Richtung der drei Einheitsvektoren dargestellt werden. Dabei wird die Ableitung nach einer Richtung s_p, in die der Einheitsvektor **p** zeigt, allgemein durch die Anwendung des Operators

$$\frac{\partial}{\partial s_p} = \mathbf{p} \cdot \text{grad} \tag{A1.1}$$

ausgeführt. Die hier betrachteten Vektorfelder **F** müssen die folgenden Bedingungen erfüllen:

$$\text{div } \mathbf{F} = 0 \, , \quad \text{rot } \mathbf{F} = 0 \tag{A1.2a,b}$$

$$\frac{\partial \mathbf{b}}{\partial s_1} = 0 \, , \quad \frac{\partial \mathbf{b}}{\partial s_2} = 0 \tag{A1.3a,b}$$

Die beiden ersten Bedingungen besagen, daß **F** ein Laplacesches Feld ist, die zwei weiteren, daß die Binormalenrichtung sich nicht ändern soll, wenn das Dreibein in Tangentialrichtung (Ableitung nach s_1) und in Hauptnormalenrichtung (Ableitung nach s_2) verschoben wird.

Bei der räumlichen Differentiation von Vektoren im System des begleitenden Dreibeins müssen auch die räumlich variablen Einheitsvektoren **t**, **n**, **b** in die drei Richtungen, also nach s_1, s_2, s_3 differenziert werden. Für diese Richtungsableitungen gilt:

$$\frac{\partial \mathbf{t}}{\partial s_1} = \varkappa \mathbf{n} \, , \quad \frac{\partial \mathbf{t}}{\partial s_2} = -(\eta + \delta)\mathbf{n} \, , \quad \frac{\partial \mathbf{t}}{\partial s_3} = \delta \mathbf{b} \tag{A1.4a,b,c}$$

$$\frac{\partial \mathbf{n}}{\partial s_1} = -\varkappa \mathbf{t} \, , \quad \frac{\partial \mathbf{n}}{\partial s_2} = (\eta + \delta)\mathbf{t} \, , \quad \frac{\partial \mathbf{n}}{\partial s_3} = -\varepsilon \mathbf{b} \tag{A1.5a,b,c}$$

$$\frac{\partial \mathbf{b}}{\partial s_1} = 0 \, , \quad \frac{\partial \mathbf{b}}{\partial s_2} = 0 \, , \quad \frac{\partial \mathbf{b}}{\partial s_3} = -\delta \mathbf{t} + \varepsilon \mathbf{n} \tag{A1.6a,b,c}$$

Die in den Gleichungen auftretenden Koeffizienten $\varkappa, \eta, \varepsilon, \delta$ sind durch die Struktur des Feldes **F** festgelegt; sie lassen sich aus **F** berechnen nach

$$\eta = \frac{1}{F} \frac{\partial F}{\partial s_1} \, , \quad \varkappa = \frac{1}{F} \frac{\partial F}{\partial s_2} \tag{A1.7a,b}$$

$$\delta = \frac{1}{\varkappa}\left(\frac{\partial \varkappa}{\partial s_1} - \frac{\partial \eta}{\partial s_2}\right), \quad \varepsilon = \frac{1}{\eta + 2\delta} \frac{\partial \delta}{\partial s_2} \tag{A1.8a,b}$$

Bei der Richtungsdifferentiation ist im System des begleitenden Dreibeins die Nichtvertauschbarkeit der Reihenfolge der Differentiation bei zweiten und höheren Ableitungen zu beachten. Für die zweifache Ableitung einer skalaren Funktion f in die zwei Richtungen **p** und **q** des Dreibeins gilt

$$\frac{\partial^2 f}{\partial s_p \partial s_q} - \frac{\partial^2 f}{\partial s_q \partial s_p} = \left(\frac{\partial \mathbf{q}}{\partial s_p} - \frac{\partial \mathbf{p}}{\partial s_q} \right) \text{grad } f \qquad (A\,1.9)$$

Ein Vektorfeld **A** sei im begleitenden Dreibein dargestellt durch

$$\mathbf{A} = A_t \mathbf{t} + A_n \mathbf{n} + A_b \mathbf{b} \qquad (A\,1.10)$$

Die Divergenz des Vektors **A** kann aus der Komponentendarstellung berechnet werden. Dazu werden die im Dreibein gültigen Beziehungen

$$\text{div } \mathbf{t} = -\eta \quad , \quad \text{div } \mathbf{n} = -\varkappa - \varepsilon \quad , \quad \text{div } \mathbf{b} = 0 \qquad (A\,1.11\,a,b,c)$$

benötigt. Man erhält dann

$$\text{div } \mathbf{A} = \frac{\partial A_t}{\partial s_1} + \frac{\partial A_n}{\partial s_2} + \frac{\partial A_b}{\partial s_3} - \eta A_t - (\varkappa + \varepsilon) A_n \qquad (A\,1.12)$$

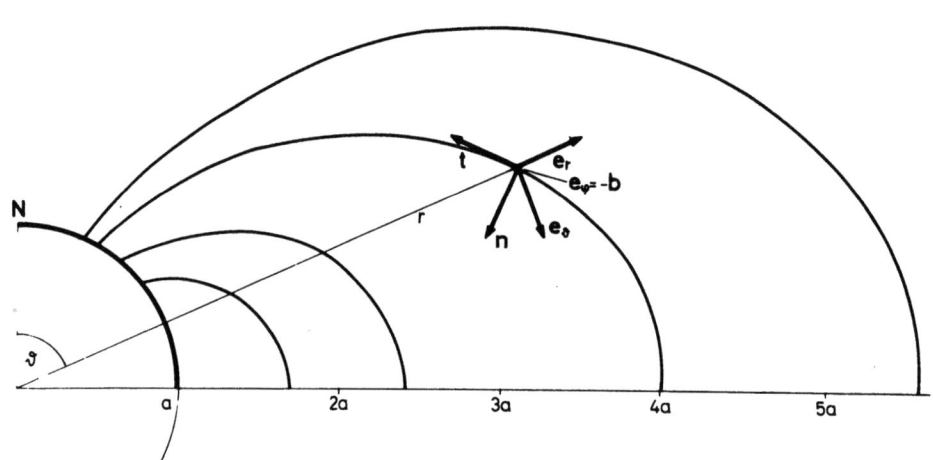

Abb. 14: Die Einheitsvektoren des Kugelkoordinatensystems und die des begleitenden Dreibeins im Dipolfeld.

Das Feld eines Dipols, also auch das durch ein Dipolfeld angenäherte Erdmagnetfeld, erfüllt die Bedingungen (A1.2) und (A1.3), ist also ein Laplacesches Feld mit komplanaren Feldlinien. Am besten läßt sich das Dipolfeld in Kugelkoordinaten r, ϑ, φ beschreiben. In Abbildung 14 sind die Einheitsvektoren **t**, **n**, **b** des begleitenden Dreibeins in einem Punkt zusammen mit den Einheitsvektoren $\mathbf{e}_r$, $\mathbf{e}_\vartheta$, $\mathbf{e}_\varphi$ des Kugelkoordinatensystems skizziert. Das Dipolfeld ist gegeben durch

$$\mathbf{F} = -\frac{M}{r^3} (2 \mathbf{e}_r \cos \vartheta + \mathbf{e}_\vartheta \sin \vartheta) \qquad (A\,1.13)$$

Daraus ergibt sich der tangentiale Einheitsvektor nach $\mathbf{t} = \mathbf{F}/F$. Der Betrag der Feldstärke ist

$$F = \frac{M}{r^3} (1 + 3 \cos^2 \vartheta)^{1/2} \qquad (A\,1.14)$$

Mit der Anwendung von (A 1.1) lassen sich die Operatoren der Richtungsableitungen für das in Kugelkoordinaten angegebene Dipolfeld darstellen. Man erhält nach einigen Rechnungen

$$\frac{\partial}{\partial s_1} = -(1 + 3\cos^2\vartheta)^{-1/2}\left(2\cos\vartheta\,\frac{\partial}{\partial r} + \frac{\sin\vartheta}{r}\,\frac{\partial}{\partial \vartheta}\right) \qquad (A\,1.15)$$

$$\frac{\partial}{\partial s_2} = -(1 + 3\cos^2\vartheta)^{-1/2}\left(\sin\vartheta\,\frac{\partial}{\partial r} - \frac{2\cos\vartheta}{r}\,\frac{\partial}{\partial \vartheta}\right) \qquad (A\,1.16\,a)$$

$$\frac{\partial}{\partial s_3} = -\frac{1}{r\sin\vartheta}\,\frac{\partial}{\partial \varphi} \qquad (A\,1.17)$$

Die Gleichung einer Feldlinie im Dipolfeld lautet

$$r = r_0 \sin^2\vartheta\,,$$

wobei r_0 der Äquatorabstand der Feldlinie ist. Mit dieser Beziehung kann im Kugelkoordinatensystem statt r die Koordinate $r_0 = r/\sin^2\vartheta$ eingeführt werden. In einem solchen System mit r_0, ϑ, φ gilt für die Ableitung einer Funktion $\Psi(r_0(r, \vartheta), \vartheta)$ in Richtung der Hauptnormalen

$$\frac{\partial}{\partial s_2} = -\frac{(1+\cos^2\vartheta)^{1/2}}{\sin^3\vartheta}\,\frac{\partial}{\partial r_0} + \frac{2\cos\vartheta}{r_0 \sin^2\vartheta\,(1+3\cos^2\vartheta)^{1/2}}\,\frac{\partial}{\partial \vartheta} \qquad (A\,1.16\,b)$$

Die für die Ableitung der Einheitsvektoren **t**, **n**, **b** wichtigen Koeffizienten $\varkappa$, η, δ, ε können nach den allgemeinen Beziehungen (A 1.7) und (A 1.8) für das Dipolfeld in Kugelkoordinaten angegeben werden. Man erhält

$$\varkappa = \frac{3\sin\vartheta\,(1+\cos^2\vartheta)}{r\,(1+3\cos^2\vartheta)^{3/2}} \qquad (A\,1.18)$$

$$\eta = \frac{3\cos\vartheta\,(3+5\cos^2\vartheta)}{r\,(1+3\cos^2\vartheta)^{3/2}} \qquad (A\,1.19)$$

$$\delta = \frac{-3\cos^2\vartheta}{r\,(1+3\cos^2\vartheta)^{1/2}} \qquad (A\,1.20)$$

$$\varepsilon = \frac{1-3\cos^2\vartheta}{r\sin\vartheta\,(1+3\cos^2\vartheta)^{1/2}} \qquad (A\,1.21)$$

Die hier kurz aufgeführten Beziehungen werden in Abschnitt 2 und Anhang A 2 benötigt. Weitere Einzelheiten über das System des begleitenden Dreibeins und die teilweise nicht angegebenen Herleitungen der Gleichungen findet man bei SIEBERT [1965].

A 2. Die Divergenz des Drucktensors im System des begleitenden Dreibeins

Der Tensor P hat im System des begleitenden Dreibeins die Form

$$P = \begin{pmatrix} p_t & 0 & 0 \\ 0 & p_n & 0 \\ 0 & 0 & p_n \end{pmatrix} \quad (A\,2.1)$$

Die Berechnung von Div P kann am einfachsten mit Hilfe der Definition der Divergenz durchgeführt werden:

$$\text{Div } P = \lim_{V \to 0} \frac{1}{V} \int_0 P\,\mathbf{N}\,df \quad (A\,2.2)$$

Es wird über die Oberfläche O des Volumens V integriert. **N** ist der nach außen zeigende Einheitsvektor auf der Oberfläche. Abbildung 15 zeigt die Skizze eines infinitesimalen Volumens V am Punkt $Q(s_1, s_2, s_3)$

$$V = \Delta s_1 \cdot \Delta s_2 \cdot \Delta s_3 \quad (A\,2.3)$$

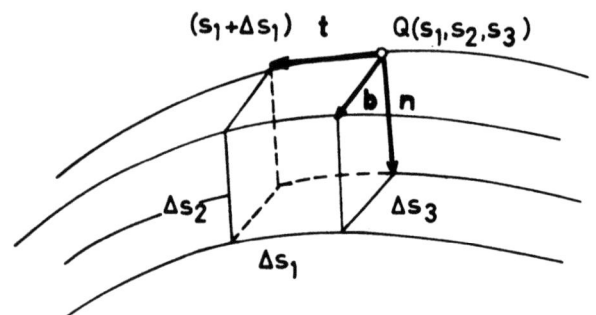

Abb. 15: Infinitesimaler Würfel, auf dessen Oberfläche die verschiedenen Druckkomponenten wirken.

Betrachtet man den an allen Flächen des Würfels angreifenden Druck und ersetzt das Integral in (A 2.2) durch eine Summe, so ergibt sich

$$\begin{aligned}\text{Div } P = \lim_{V \to 0} \frac{1}{V} \Big\{ &p_t(s_1 + \Delta s_1) \cdot \mathbf{t}(s_1 + \Delta s_1) \cdot \Delta f_{23}(s_1 + \Delta s_1) - p_t(s_1) \cdot \mathbf{t}(s_1) \cdot \Delta f_{23}(s_1) + \\ &+ p_n(s_2 + \Delta s_2) \cdot \mathbf{n}(s_2 + \Delta s_2) \cdot \Delta f_{13}(s_2 + \Delta s_2) - p_n(s_2) \cdot \mathbf{n}(s_2) \cdot \Delta f_{13}(s_2) + \\ &+ p_n(s_3 + \Delta s_3) \cdot \mathbf{b}(s_3 + \Delta s_3) \cdot \Delta f_{12}(s_3 + \Delta s_3) - p_n(s_3) \cdot \mathbf{b}(s_3) \cdot \Delta f_{12}(s_3) \Big\} \end{aligned} \quad (A\,2.4)$$

Für die Flächenelemente $\Delta f_{\mu\nu}$ gilt

$$\Delta f_{\mu\nu} = \Delta s_\mu \cdot \Delta s_\nu \quad (A\,2.5)$$

Der Druck p_t an der Stelle $s_1 + \Delta s_1$ kann durch den Druck an der Stelle s_1 und die Ableitung $\partial p_t / \partial s_1$ ausgedrückt werden. Dasselbe gilt für $p_n(s_2 + \Delta s_2)$, die Einheitsvektoren **t, n, b** und die Flächenelemente $\Delta f_{\mu\nu}$. Man kann also schreiben

$$\begin{aligned}\text{Div } P = \lim_{V \to 0} \frac{1}{V} \Big\{ &\left(p_t(s_1) + \frac{\partial p_t}{\partial s_1}\Delta s_1\right)\left(\mathbf{t}(s_1) + \frac{\partial \mathbf{t}}{\partial s_1}\Delta s_1\right)\left(\Delta f_{23}(s_1) + \frac{\partial \Delta f_{23}}{\partial s_1}\Delta s_1\right) \\ &- p_t(s_1) \cdot \mathbf{t}(s_1) \cdot \Delta f_{23}(s_1) + \left(p_n(s_2) + \frac{\partial p_n}{\partial s_2}\Delta s_2\right)\left(\mathbf{n}(s_2) + \frac{\partial \mathbf{n}}{\partial s_2}\Delta s_2\right)\left(\Delta f_{13}(s_2) + \frac{\partial \Delta f_{13}}{\partial s_2}\Delta s_2\right) \\ &- p_n(s_2) \cdot \mathbf{n}(s_2) \cdot \Delta f_{13}(s_2) + \left(p_n(s_3) + \frac{\partial p_n}{\partial s_3}\Delta s_3\right)\left(\mathbf{b}(s_3) + \frac{\partial \mathbf{b}}{\partial s_3}\Delta s_3\right)\left(\Delta f_{12}(s_3) + \frac{\partial \Delta f_{12}}{\partial s_3}\Delta s_3\right) \\ &- p_n(s_3) \cdot \mathbf{b}(s_3) \cdot \Delta f_{12}(s_3) \Big\} \end{aligned} \quad (A\,2.6)$$

Nach Ausmultiplizieren und Weglassen der von höherer Ordnung kleinen Glieder mit $(\Delta s_\nu)^2$ und $(\Delta s_\mu)^3$ ergibt sich mit (A 2.3)

$$\text{Div } P = \lim_{V \to 0} \frac{1}{V} \left\{ \frac{\partial p_t}{\partial s_1} tV + \frac{\partial t}{\partial s_1} p_t V + p_t t \frac{\partial \Delta f_{23}}{\partial s_1} \Delta s_1 + \right.$$

$$+ \frac{\partial p_n}{\partial s_2} \mathbf{n} V + \frac{\partial \mathbf{n}}{\partial s_2} p_n V + p_n \mathbf{n} \frac{\partial \Delta f_{13}}{\partial s_2} \Delta s_2 +$$

$$\left. + \frac{\partial p_n}{\partial s_3} \mathbf{b} V + \frac{\partial \mathbf{b}}{\partial s_3} p_n V + p_n \mathbf{b} \frac{\partial \Delta f_{12}}{\partial s_3} \Delta s_3 \right\} \quad (A\,2.7)$$

Die Divergenz des Einheitsvektors **n** ist

$$\text{div } \mathbf{n} = \lim_{V \to 0} \int_0 \mathbf{n}\, \mathbf{N}\, df = \lim_{V \to 0} \frac{1}{V} (\Delta f_{13}(s_2 + \Delta s_2) - \Delta f_{13}(s_2))$$

$$= \lim_{\Delta f_{13} \to 0} \left(\frac{1}{\Delta f_{13}} \frac{\partial \Delta f_{13}}{\partial s_2} \right) \quad (A\,2.8\,a)$$

Entsprechend erhält man

$$\text{div } \mathbf{t} = \lim_{\Delta f_{23} \to 0} \left(\frac{1}{\Delta f_{23}} \frac{\partial \Delta f_{23}}{\partial s_1} \right) \quad (A\,2.8\,b)$$

$$\text{div } \mathbf{b} = \lim_{\Delta f_{12} \to 0} \left(\frac{1}{\Delta f_{12}} \frac{\partial \Delta f_{12}}{\partial s_3} \right) \quad (A\,2.8\,c)$$

Mit den letzten drei Gleichungen und (A 2.7) ergibt sich schließlich

$$\text{Div } P = \frac{\partial p_t}{\partial s_1} \mathbf{t} + \frac{\partial \mathbf{t}}{\partial s_1} p_t + p_t (\text{div } \mathbf{t})\, \mathbf{t} +$$

$$+ \frac{\partial p_n}{\partial s_2} \mathbf{n} + \frac{\partial \mathbf{n}}{\partial s_2} p_n + p_n (\text{div } \mathbf{n})\, \mathbf{n} + \quad (A\,2.9)$$

$$+ \frac{\partial p_n}{\partial s_3} \mathbf{b} + \frac{\partial \mathbf{b}}{\partial s_3} p_n + p_n (\text{div } \mathbf{b})\, \mathbf{b}$$

Einsetzen der Gleichungen (A 1.11), (A 1.4 a), (A 1.5 b), (A 1.6 c) in (A 2.9) führt dann auf

$$\text{Div } P = \left(\frac{\partial p_t}{\partial s_1} - (p_t - p_n)\eta \right) \mathbf{t} + \left(\frac{\partial p_n}{\partial s_2} + (p_t - p_n)\varkappa \right) \mathbf{n} + \frac{\partial p_n}{\partial s_3} \mathbf{b} \quad (A\,2.10)$$

A 3. Die Verteilungsfunktion der Neigungswinkel

Die Gleichung (2.30) für die Verteilungsfunktion $\Phi(s_1, \alpha)$ der Neigungswinkel α wird durch einen Ansatz

$$\Phi(s_1, \alpha) = C(\gamma) \left(\frac{F(s_0)}{F(s_1)} \right)^{(\gamma - 1)/2} \sin^\gamma \alpha \qquad (A\,3.1)$$

gelöst. $C(\gamma)$ ist eine durch Randbedingungen zu bestimmende Konstante, s_0 zunächst eine beliebige Stelle auf den magnetischen Feldlinien und γ eine frei verfügbare positive Zahl. Durch Einsetzen von (A 3.1) in (2.30) läßt sich am einfachsten zeigen, daß (A 3.1) eine Lösung ist. Die dabei entstehenden Integrale sind

$$\int_0^\pi \sin^\gamma \alpha \, d\alpha = \frac{2^\gamma \, \Gamma^2((\gamma + 1)/2)}{\Gamma(\gamma + 1)} \qquad (A\,3.2)$$

$$\int_0^\pi \sin^\gamma \alpha \, \cos^2 \alpha \, d\alpha = \frac{\Gamma((\gamma + 1)/2) \, \Gamma(3/2)}{\Gamma((\gamma + 4)/2)} \qquad (A\,3.3)$$

$\Gamma(x)$ bedeutet die Gammafunktion, für die folgende Beziehung zwischen den beiden rechten Seiten von (A 3.2) und (A 3.3) berechnet werden kann

$$\frac{2^\gamma \, \Gamma^2((\gamma + 1)/2)}{\Gamma(\gamma + 1)} = \frac{(\gamma + 2) \, \Gamma((\gamma + 1)/2) \Gamma(3/2)}{\Gamma((\gamma + 4)/2)} \qquad (A\,3.4)$$

Mit Hilfe der letzten drei Gleichungen ist leicht zu verifizieren, daß (A 3.1) eine Lösung von (2.30) ist. Eine allgemeine Form dieser Lösung ist

$$\Phi(s_1, \alpha) = \int_0^\infty C(\gamma) \left(\frac{F(s_0)}{F(s_1)} \right)^{(\gamma - 1)/2} \sin^\gamma \alpha \, d\gamma \qquad (A\,3.5)$$

Es wird angenommen, $\Phi(s_1, \alpha)$ habe die einfache Form (A 3.1). Dann ergibt sich die Teilchendichte $N(s_1)$ entlang einer Feldlinie nach (2.25)

$$N(s_1) = \int_0^\pi C(\gamma) \left(\frac{F(s_0)}{F(s_1)} \right)^{(\gamma - 1)/2} \sin^\gamma \alpha \, d\alpha \qquad (A\,3.6)$$

und nach (A 3.2) wird

$$N(s_1) = C(\gamma) \left(\frac{F(s_0)}{F(s_1)} \right)^{(\gamma - 1)/2} \frac{2^\gamma \, \Gamma^2((\gamma + 1)/2)}{\Gamma(\gamma + 1)} \qquad (A\,3.7)$$

An der Stelle $s_1 = s_0$ sei $N(s_1) = N(s_0)$; dann wird

$$C(\gamma) = \frac{N(s_0) \, \Gamma(\gamma + 1)}{2^\gamma \, \Gamma^2((\gamma + 1)/2)} \qquad (A\,3.8)$$

Die Gleichungen (A 3.7) und (A 3.8) ergeben

$$N(s_1) = N(s_0) \left(\frac{F(s_0)}{F(s_1)} \right)^{(\gamma - 1)/2} \qquad (A\,3.9)$$

A.3

Ist also die Teilchendichte auf einem durch s_0 festgelegten Punkt vorgegeben und die Zahl γ bekannt, so läßt sich daraus die Teilchendichte entlang der durch s_0 gehenden Feldlinie bestimmen. In den Rechnungen des Abschnitts 2 soll s_0 die Stellen angeben, an der die Dipolfeldlinien die magnetische Äquatorebene schneiden. In Kugelkoordinaten wird diese Ebene durch $\vartheta = \pi/2$ beschrieben.

Die Verteilungsfunktion (A 3.1) mit $C(\gamma)$ nach (A 3.8) wird zur Berechnung der Druckkomponenten p_t und p_n nach (2.26) und (2.27) benutzt. Das ergibt

$$p_n(s_1) = \frac{m v^2 N(s_0)}{2} \frac{\Gamma(\gamma+1)}{2^\gamma \Gamma^2((\gamma+1)/2)} \left(\frac{F(s_0)}{F(s_1)}\right)^{(\gamma-1)/2} \int_0^\pi \sin^{\gamma+2}\alpha \, d\alpha \qquad (A\,3.10)$$

$$p_t(s_1) = m v^2 N(s_0) \frac{\Gamma(\gamma+1)}{2^\gamma \Gamma^2((\gamma+1)/2)} \left(\frac{F(s_0)}{F(s_1)}\right)^{(\gamma-1)/2} \int_0^\pi \sin^\gamma\alpha \cos^2\alpha \, d\alpha \qquad (A\,3.11)$$

Die Integrale können nach (A 3.2) und (A 3.3) berechnet werden. Die entstehenden Ausdrücke sind mit den folgenden für die Gammafunktion gültigen Beziehungen zu vereinfachen:

$$\Gamma(\gamma+1) = \gamma \, \Gamma(\gamma) \qquad (A\,3.12)$$

$$\Gamma(z+1/2) = 2(\pi)^{1/2} 4^{-z} \Gamma(2z)/\Gamma(z) \qquad (A\,3.13)$$

$$\Gamma(1/2) = (\pi)^{1/2} \qquad (A\,3.14)$$

Die Anwendung dieser Gleichungen führt schließlich auf

$$p_n(s_1) = \frac{mv^2(\gamma+1) N(s_0)}{2(\gamma+2)} \left(\frac{F(s_0)}{F(s_1)}\right)^{(\gamma-1)/2} \qquad (A\,3.15)$$

$$p_t(s_1) = \frac{mv^2 N(s_0)}{(\gamma+2)} \left(\frac{F(s_0)}{F(s_1)}\right)^{(\gamma-1)/2} \qquad (A\,3.16)$$

Diese beiden Gleichungen geben einen durch die Zahl γ bestimmten Zusammenhang zwischen p_n und p_t.

Literaturverzeichnis

AKASOFU, S. I., J. C. CAIN, and S. CHAPMAN:
: The magnetic field of a model radiation belt numerically computed. - J. Geoph. Res. 66, 4019-4026 (1961)

AKASOFU, S. I., J. C. CAIN, and S. CHAPMAN:
: The magnetic field of the quiet time proton belt. - J. Geoph. Res. 67, 2645-2647 (1962)

AKASOFU, S. I. : The main phase of magnetic storms and the ring current. - Space Science Rev. 2, 91-135 (1963)

AKASOFU, S. I., S. CHAPMAN, and C. J. MENG:
: The polar electrojet. - J. Atmosph. Terr. Phys. 27, 1275-1305 (1965)

AKASOFU, S. I. : Electrodynamics of the magnetosphere: Geomagnetic storms. - Space Science Rev. 6, 21-143 (1966)

BOSTRÖM, R. : Currents in the ionosphere and magnetosphere. - The Royal Institute of Techn. Department of Plasma Physics, Stockholm No. 67-17 (Sept. 1967)

CARPENTER, D. L. : New experimental evidence of the effect of magnetic storms on the magnetosphere. - J. Geoph. Res. 67, 135-145 (1962)

CHANG, D. B., C. D. PEARLSTEIN, and M. N. ROSENBLUTH:
: On the interchange instability of the Van-Allen-Belt. - J. Geoph. Res. 70, 3085-3097 (1965)

CHANDRESEKHAR, S. : Plasma Physics. - University of Chicago Press (1960)

CHAPMAN, S. and V. C. A. FERRARO: The geomagnetic ring current: I - its radial stability. - Terr. Magn. 46, 1-6 (1941)

CHAPMAN, S. : Magnetic storms: their geomagnetical and physical analysis and their classification. - Studia Geoph. et Geod. 5, 30-50 (1961)

DAVIES, R. C. : Low energy trapped protons and electrons. - Proc. Plasma Space Sci. Symp., edited by C. C. CHANG and S. S. HUANG, D. Reiches Publishing Comp. Dortrecht, Holland, 214-226 (1965)

DOLGINOV, Sh. Sh., Y. G. YEROSHENKO, and L. N. ZKUZGOV:
: A survey of the earth's magnetosphere in the region of the radiation belt (3-6 Re) from february to april 1964. - Space Res. VI, 790-809 (1966)

ECKHARDT, D. H., K. LARNER, and T. MADDEN:
: Long period magnetic fluctuations and mantle electrical conductivity estimates. - J. Geoph. R. 68, 6279-6285 (1963)

FRANCK, C. A. : On the extraterrestrial ring current during geomagnetic storms. - J. Geoph. Res. 72, 3753-3786 (1967)

GOLD, T. : Motions in the magnetosphere of the earth. - J. Geoph. Res. 64, 1219-1224 (1959)

HEPPNER, J. P., N. F. NESS, C. S. SCEARCE, and T. L. SKILLMAN:
: Explorer 10 magnetic field measurements. - J. Geoph. Res. 68, 1-46 (1963)

HOFFMANN, R. A. and P. A. BRACKEN:
: Higher-order ring currents and particle energy storage in the magnetosphere. - J. Geoph. Res. 72, 6039-6050 (1967)

KERTZ, W. : Ein neues Maß für die Feldstärke des erdmagnetischen äquatorialen Ringstroms. - Abhandl. d. Akad. d. Wissensch. in Göttingen, math.-phys. Klasse, Beitr. z. Intern. Geophysikal. Jahr Heft 2 (1958)

PARKER, E. N. : Newtonian development of the dynamical properties of ionised gases of low density. - Phys. Rev. 107, 924-933 (1957)

RIKITAKE, T. : Electromagnetism and the earth's interior. - Elsevier Publishing Company, Amsterdam-London, New York (1966)

SCHMIDT, A. : Erdmagnetismus. - Enzyklopädie der Mathem. Wiss. VI, 265-356 (1917)

SCHREIBER, H. :	Ein analytischer Weg zur Bestimmung der Elektronenkonzentration in der Magntosphäre aus Whistler-Daten. - Zeitschr. f. Geoph. 33, 110-130 (1967)
SCKOPKE, N. :	General relation between the energy of trapped particles and the disturbance field near the earth. - J.Geoph. Res. 71, 3125-3130 (1966)
SIEBERT, M. :	Zur Theorie erdmagnetischer Pulsationen mit breitenabhängigen Perioden. - Mitteil. aus d. Max-Planck-Institut f. Aeronomie, Nr. 21 (1965)
SINGER, F.S. :	A new model of magnetic storms and aurorae. - Trans. Amer. Geophys. Un. 38, 175-190 (1957)
STOREY, R.L.O. :	An investigation of whistling atmospherics. - Phil. Trans. Soc., London, A 242, 113-141 (1953)
STÖRMER, C. :	Sur les trajectories des corpuscules éléctrisés dans l'escape sous l'action du magnétisme terrestre avec applications aux aurores boréales. - Arch. Sci. Phys. Nat., Genève 32, 117-123 (1911)
SUGIURA, M. and S.CHAPMAN:	The average morphology of geomagnetic storms with sudden commencement. - Abhandl. d. Akad. d. Wissensch. in Göttingen, math.-physikal. Klasse, Sonderheft Nr. 4 (1960)
SWIFT, D.W. :	The possible relation between the auroral breakup and the interchange instability of the ring current. - Planet. and Space Sci. 15, 1225-1238 (1967)
VAN ALLEN, J.A., C. E. Mc ILWAIN, and G.H.LUDWIG:	Radiation observations with satellite 1958 e . - J.Geoph. Res. 64, 271-286 (1959)

Verzeichnis der Mitteilungen aus dem Max-Planck-Institut
für Physik der Stratosphäre

Nr. 1/1953 Über den Beitrag der von μ - Mesonen angestoßenen Elektronen zu den Ultrastrahlungsschauern unter Blei. G. Pfotzer

Nr. 2/1954 Ein Zählrohrkoinzidenzgerät zur Registrierung der kosmischen Ultrastrahlung. A. Ehmert

Eine einfache Methode zur Einstellung und Fixierung des Expansionsverhältnisses von Nebelkammern. G. Pfotzer

Nr. 3/1954 Optische Interferenzen an dünnen, bei -190°C kondensierten Eisschichten. Erich Regener (vergriffen)

Nr. 4/1955 Über die Messung der Temperatur des atmosphärischen Ozons mit Hilfe der Huggins-Banden. H. Zschörner und H. K. Paetzold

Nr. 5/1956 Ein neuer Ausbruch solarer Ultrastrahlung am 23. Februar 1956. A. Ehmert und G. Pfotzer, vergriffen (erschienen Z. Naturforschung 11a, 322, 1956)

Nr. 6/1956 Das Abklingen der solaren Ultrastrahlung beim Ausbruch am 23. Februar 1956 und die geomagnetischen Einfallsbedingungen. A. Ehmert und G. Pfotzer

Nr. 7/1956 Die Impulsverteilung der solaren Ultrastrahlung in der Abklingphase des Strahlungseinbruches am 23. Februar 1956. G. Pfotzer

Nr. 8/1956 Die atmosphärischen Störungen und ihre Anwendung zur Untersuchung der unteren Ionosphäre. K. Revellio

Nr. 9/1956 Solare Ultrastrahlung als Sonde für das Magnetfeld der Erde in großer Entfernung. G. Pfotzer

*

Die vorstehenden Hefte können beim Max-Planck-Institut für Aeronomie, 3411 Lindau angefordert werden.

Mitteilungen aus dem Max-Planck-Institut für Aeronomie

Nr. 1 (S) 1959 Waibel: Messungen von Primärteilchen der kosmischen Strahlung.

Nr. 2 (S) 1959 Erbe: Auswirkung der Variationen der primären kosmischen Strahlung auf die Mesonen- und Nukleonenkomponente am Erdboden.

Nr. 3 (I) 1960 Kohl: Bewegung der F-Schicht der Ionosphäre bei erdmagnetischen Bai-Störungen.

Nr. 4 (I) 1960 Becker: Tables of ordinary and extraordinary refractive indices, group refractive indices and $h'_{o,x}(f)$-curves or standard ionospheric layer models.

Nr. 5 (S) 1961 Schröpl: Über eine Neubestimmung des Absorptionskoeffizienten von Ozon im Ultraviolett bei kleinen Konzentrationen.

Nr. 6 (S) 1961 Erbe: Ergebnisse der Ballonaufstiege zur Messung der kosmischen Strahlung in Weissenau und Lindau.

Nr. 7 (S) 1962 Meyer: Elektromagnetische Induktion eines vertikalen magnetischen Dipols über einem leitenden homogenen Halbraum.

Nr. 8 (I u. S) 1962 Dieminger und Mitarb.: Die geophysikalischen Ereignisse des 12. - 14. November 1960.

Nr. 9 (S) 1962 Pfotzer, Ehmert, and Keppler: Time Pattern of Ionizing Radiation in Balloon Altitudes in High Latitudes.
Part A, Text; Part B, Figures and Diagrams.

Nr. 10 (S) 1963 Waibel: Eine Ballonsonde zur Messung von Röntgenstrahlung und solarer Ultrastrahlung.

Nr. 11 (S) 1963 Voelker: Zur Breitenabhängigkeit erdmagnetischer Pulsationen.

Nr. 12 (S) 1963 Jaeschke: Registrierung von Pulsationen im südlichen Niedersachsen als Beitrag zur erdmagnetischen Tiefensondierung.

Nr. 13 (S) 1963 Meyer: Elektromagnetische Induktion in einem leitenden homogenen Zylinder durch äußere magnetische und elektrische Wechselfelder.

Nr. 14 (S) 1964 Kremser: Über den Zusammenhang zwischen Röntgenstrahlungs-Ausbrüchen in der Polarlichtzone und bayartigen erdmagnetischen Störungen.

Nr. 15 (S) 1964 Keppler: Messung von Röntgenstrahlung und solaren Protonen mit Ballongeräten in der Nordlichtzone.

Nr. 16 (S) 1964 Kirsch: Die Anisotropien der kosmischen Strahlung.

Nr. 17 (S) 1964 Guilino: Ausbau eines Wechsellichtmonochromators und seine Anwendung zur Messung des Luftleuchtens während der Dämmerung und in der Nacht.

Nr. 18 (S) 1965 Pfotzer and Ehmert: Measurements of High Energetic Auroral Radiations with Balloon-Borne Detectors in 1962 and 1963
Part A to C, Text; Part D, Figures and Diagrams.

Nr. 19 (I) 1965 Hartmann: Bestimmung wichtiger Satellitenpositionen mit Hilfe graphischer Darstellungen.

Nr. 20 (S) 1965 Keppler: Über die Eigenschaften von Zählrohren und Ionisationskammern in verschiedenartigen Strahlungsfeldern. - Zur Interpretation von Röntgenstrahlungsmessungen in Ballonhöhe in der Nordlichtzone.

Nr. 21 (S) 1965 Siebert: Zur Theorie erdmagnetischer Pulsationen mit breitenabhängigen Perioden.

Nr. 22 (S) 1965 Meyer: Zur 27 täglichen Wiederholungsneigung der erdmagnetischen Aktivität, erschlossen aus den täglichen Charakterzahlen C 8 von 1884-1964.

Nr. 23 (S) 1965 Frisius: Über die Bestimmung von Längstwellen - Ausbreitungsparametern aus Feldstärkemessungen am Erdboden.

Nr. 24 (I) 1965 Ma: Einfluß der erdmagnetischen Unruhe auf den brauchbaren Frequenzbereich im Kurzwellen-Weitverkehr am Rande der Nordlichtzone.

Nr. 25 (S) 1965 Kremser, Keppler, Bewersdorff, Saeger, Ehmert, Pfotzer, Riedler, Legrand: X - Ray Measurements in the Auroral Zone from July to October 1964.

Nr. 26 (I) 1966 Stubbe: Theoretische Beschreibung des Verhaltens der nächtlichen F - Schicht.

Nr. 27 (S) 1966 Wilhelm: Registrierung und Analyse erdmagnetischer Pulsationen der Polarlichtzone, sowie ein Vergleich mit Bremsstrahlungsmessungen.

Nr. 28 (S) 1967 Fabian: Über eine neue Ozonradiosonde und Untersuchung von Lufttransporten in der unteren Stratosphäre.

Nr. 29 (S) 1967 Specht: Über die Absorptions- und Emissionsstrahlung der atmosphärischen Ozonschicht bei der Wellenlänge 9,6 μ.

Nr. 30 (I) 1967 Rose und Widdel: Ein Meßgerät zur Bestimmung der Strömungsgeschwindigkeit in kurzen Rohren (Ionenzählern) bei niedrigem Gasdruck.

Nr. 31 (I) 1967 Hartmann: Die Amplitudenregistrierungen des Satelliten Explorer 22, unter besonderer Berücksichtigung der Effekte, die bei Elevationswinkeln kleiner als 45° auftreten.

Nr. 32 (I) 1967 Rüster: Lösung von Bewegungsgleichungen und Kontinuitätsgleichung der F - Schicht mit speziellen Anwendungen auf erdmagnetische Baistörungen.

Nr. 33 (S) 1968 Müller: Zur Modulation der kosmischen Strahlung.

Nr. 34 (S) 1968 Münch: Statistische Frequenzanalyse von erdmagnetischen Pulsationen.

MIX
Papier aus verantwortungsvollen Quellen
Paper from responsible sources
FSC® C105338

If you have any concerns about our products,
you can contact us on
ProductSafety@springernature.com

In case Publisher is established outside the EU,
the EU authorized representative is:
**Springer Nature Customer Service Center GmbH
Europaplatz 3, 69115 Heidelberg, Germany**

Printed by Libri Plureos GmbH
in Hamburg, Germany